(Extrait du MONDE COMMERCIAL)
17ᵉ ET 18ᵉ LIVRAISONS

LES PÊCHES MARITIMES

EN FRANCE

LEUR ÉTAT ACTUEL

MOYENS DE LES RÉTABLIR ET DE LES DÉVELOPPER

PAR

M. HAUTEFEUILLE

PARIS
LIBRAIRIE A. FRANCK
67, RUE DE RICHELIEU

1861

LES PÊCHES MARITIMES EN FRANCE

LEUR ÉTAT ACTUEL

MOYENS DE LES RÉTABLIR ET DE LES DÉVELOPPER

Notre intention n'est pas de rechercher les origines de la pêche. Tous les peuples habitant les rivages de la mer, les bords des fleuves, des rivières et des lacs, quel que fût d'ailleurs l'état de barbarie dans lequel ils se trouvaient, se sont appliqués à la capture du poisson. La pêche est donc aussi ancienne que le monde, et nous pouvons dire de cette industrie naturelle ce que nous disions ailleurs de la navigation : « L'inventeur est Dieu lui-même, c'est lui qui l'enseigna à sa créa-« ture. »

Le premier poisson fut pris à la main sans doute, peut-être après avoir été frappé avec une pierre ou un bâton, peut-être aussi après avoir été abandonné sur la rive, par la retraite des eaux qui l'avaient apporté. Plus tard, et pour se procurer en plus grande quantité un aliment sain et agréable que la Providence amenait à sa portée, l'homme inventa le premier filet, la première ligne ; puis un tronc d'arbre, grossièrement travaillé, ébranché seulement peut-être, fut mis sur l'eau pour aider à aller saisir le poisson à quelque distance du rivage et jusqu'au sein de son élément.

Le premier navire fut le tronc d'arbre ébranché ; il fut fabriqué pour faciliter la capture du poisson : la pêche fut donc la mère de la navigation. Nous ne suivrons pas les développements plus ou moins lents, plus ou moins rapides, de cette industrie ; mais nous voulons établir l'intime liaison qui n'a pas cessé d'unir complétement la navigation à la pêche, démontrer que si l'une a été la mère de l'autre, elle n'a pas cessé d'être sa nourrice, et par conséquent prouver que toutes les nations modernes, et la nation française spécialement, ont le plus puissant intérêt à la prospérité et au développement de la pêche maritime. La pêche, non-seulement crée la richesse, car par elle l'homme récolte la moisson qu'il n'a pas semée, et l'on peut dire avec Franklin que chaque poisson pris par le pêcheur est une pièce de monnaie tirée du fond de la mer ; mais encore elle est la base de la force des empires. En effet, sans ce métier, qui souvent est méprisé et regardé comme le dernier que puisse exercer un homme, sans la pêche il n'y a pas de marine possible ; sans marine le grand commerce, le commerce maritime, ne peut exister ; sans marine, surtout dans notre siècle, il n'y a pas de puissance vraiment digne de ce nom. Il est impossible à une nation, quels que soient d'ailleurs la fertilité de son territoire, la force, le génie et l'industrie de sa population, les ressources enfin de son individualité, de prendre et de conserver dans la grande famille humaine le rang qui lui est dû, sans le commerce maritime, sans la marine militaire, et par conséquent sans la pêche.

Pour atteindre notre but, pour montrer qu'il est de l'intérêt, nous dirons même du devoir de la France, de se préoccuper sérieusement de l'état précaire dans lequel se trouvent les diverses branches de la pêche maritime, nous dirons quelques mots sur cette industrie, considérée sous les trois points de vue principaux : commercial, économique et politique. Ce triple aperçu mettra en évidence l'immense importance de l'industrie, même dans son état actuel, et les énormes développements

qu'elle pourrait recevoir. Nous examinerons ensuite avec soin la position dans laquelle se trouvent les grandes et les petites pêches, nous comparerons chacune d'elles avec celles de nos concurrents, et, après avoir énoncé les causes de notre infériorité, nous proposerons les moyens qui nous semblent les plus efficaces pour remédier au mal existant et arriver à un état assez florissant pour ne plus avoir rien à envier aux autres puissances.

Depuis que cette étude a été écrite, et le 1er décembre 1860, le *Moniteur* a publié la convention du 16 novembre 1860, complémentaire du traité de commerce du 23 janvier précédent entre la France et la Grande-Bretagne. Cette convention, en admettant le poisson de mer de pêche étrangère, frais, sec, salé ou fumé, à l'entrée en France, sous le droit de 10 francs par 100 kil., au lieu de 40 francs qui le grevait précédemment, a porté à notre pêche côtière un coup dont il lui sera très difficile ou plutôt impossible de se relever. Notre pêche du hareng au moins est perdue sans ressource; elle ne pourra soutenir la concurrence de la pêche anglaise. Cette circonstance impose au Gouvernement d'une manière plus impérieuse encore le devoir de faire de puissants et efficaces efforts pour venir en aide à une industrie indispensable à la force de la France. Nos conclusions seront modifiées sans doute par cet acte, mais elles ne seront pas changées. Jamais notre travail, quelque faible qu'il soit, ne nous aura paru plus opportun. C'est avec confiance que nous entrons dans l'examen des justes réclamations d'une classe d'hommes qui fait la richesse et la force réelle de notre patrie.

§ 1er. — DE LA PÊCHE EN GÉNÉRAL.

Sous le rapport commercial, nous nous bornerons à donner les relevés des produits de la pêche pour l'année 1858, en faisant observer cependant que cette année n'a pas été très heureuse. Dans ce but, 492 navires, jaugeant 70,000 tonneaux, montés par 15,264 marins, ont été expédiés à la pêche de la morue sur les divers points où elle nous est permise ; ils ont rapporté les produits de leur campagne, évalués à la somme de 16,290,558 fr. La petite pêche a été faite sur nos côtes par 13,929 bateaux de toutes grandeurs, ayant 52,632 hommes d'équipage ; les produits livrés à la consommation à l'état frais, ou remis aux ateliers de salaison, se sont élevés à une somme de 34,216,345 fr., valeur du poisson pris sur le lieu du débarquement, avant toute préparation, tout transport ou toute autre circonstance susceptible d'en accroître le prix. Ainsi donc, la pêche a employé 492 navires, 13,929 bateaux et 67,912 hommes ; elle a produit une somme de 50,507,803 fr. Dans ces chiffres on n'a compris ni la pêche de la baleine ni celle du corail, toutes les deux à peu près nulles en France.

Ces résultats, déjà considérables, ne représentent qu'une partie du mouvement commercial produit par la pêche maritime. En effet, il faut d'abord ajouter à la navigation 1° les navires non pêcheurs qui sont chargés d'exporter, soit directement des lieux de pêche, soit des ports de France, la morue dans les pays de consommation hors de France, et même hors d'Europe (ces exportations se sont élevées à 21,000 tonnes) (1) ; 2° les bateaux qui transportent, par voie de cabotage, le coquillage et le poisson d'un port à un autre sur notre littoral. Ainsi, dans la baie de Granville et de Cancale seulement, 179 bateaux, jaugeant 4,734 tonneaux, montés par 886 hommes, ont été employés à prendre les huîtres apportées par les dragueurs et à les livrer dans les autres ports de la côte, où elles devaient être ou consommées ou mises en réserve dans les parcs. Le transport des sels, des lieux de production aux ports de pêche, occupe aussi un nombre assez considérable de navires et de bateaux de toute espèce. Toutes les industries maritimes prennent leur part dans ce grand mouvement. La construction et la réparation de cette nombreuse flottille, composée de bateaux de toute dimension et de navires, dont quelques-uns atteignent 300 et même 350 tonneaux de jauge, le gréement, la voilure, les approvisionnements de tout genre, les barils, les tonnes, etc., les filets, lignes et autres engins de pêche, occupent un nombre très considérable d'hommes, et donnent lieu à la circulation d'un capital très important. Les femme

____

(1) V. *Annales du commerce extérieur*, octobre 1860, n° 1292.

et les enfants aussi y prennent leur part, par la réparation et même par la fabrication des filets. La salaison, ou toute autre manière de préparer le poisson pour le conserver, forme encore plusieurs branches importantes de fabrication et de commerce.

Le poisson frais, et surtout conservé, est consommé en quantités assez considérables hors des ports et dans l'intérieur du pays ; les transports par terre donnent donc un aliment très important aux entreprises de messageries, de roulage, et même aux chemins de fer. Enfin, par combien de mains passe le poisson avant d'arriver au consommateur ? Les revendeurs aussi tirent leur subsistance de la pêche maritime.

On peut donc affirmer que cette industrie occupe et fait vivre en France plus de deux cent mille familles, et donne lieu à un mouvement commercial dont le minimum ne peut être évalué au-dessous de 250 millions de francs. En effet, dans ces évolutions, dans ces transformations, le poisson acquiert une valeur quintuple de celle qu'il avait pour le pêcheur. Ainsi, l'huître vendue par celui qui l'a tirée de l'eau à raison de 12 à 16 fr. le mille, 14 fr. en moyenne, soit 0,014 la pièce, revient au consommateur parisien à 80 c. la douzaine, c'est-à-dire à 0,066 la pièce. La même proportion se retrouve pour le hareng, le maquereau et tous les poissons communs ; elle est beaucoup plus considérable pour les poissons de luxe. Il est certainement peu d'industries qui puissent présenter de pareils résultats ; il en est peu surtout qui créent une aussi grande quantité de capitaux, puisque le produit premier de la pêche, c'est-à-dire plus de 50 millions de francs, a été tiré de la mer. L'agriculture seule peut rivaliser avec la pêche.

Ces résultats commerciaux doivent entrer pour une très grande part dans l'appréciation de la pêche sous le rapport économique, car le commerce, et surtout le commerce maritime, est une des causes essentielles de la prospérité des États ; et il est impossible qu'une industrie faisant vivre un nombre aussi considérable de familles, pauvres pour la plupart ; donnant lieu à des transactions si multipliées et si importantes, ne soit pas comptée parmi celles qui ont le plus d'influence sur la fortune publique. Aucun pays, quelque riche qu'il soit d'ailleurs, ne peut regarder comme indifférente une source aussi féconde de richesses. Mais ce n'est pas le seul avantage que présente cette industrie.

Les produits de la pêche sont de deux espèces. Les uns, très rares chez nous, sont employés comme matière première ou comme accessoires dans les fabriques : tels sont les fanons, les huiles, la matière de tête du cachalot, etc., etc. ; les autres servent à l'alimentation humaine. Le poisson est une nourriture saine et agréable ; après la chair des animaux, c'est la plus riche en principes nutritifs ; elle peut seule remplacer cette chair, sans aucun inconvénient pour la force et pour la santé de l'homme. Le poisson de mer surtout possède ces qualités au plus haut degré, même alors qu'il est conservé par la salaison ou par la dessiccation. Dans un grand nombre de pays, la morue sèche est considérée comme un aliment très léger, et recommandée pour la nourriture des convalescents. Le poisson ordinaire est d'ailleurs en général d'un prix si peu élevé, qu'il est accessible à tous les citoyens, même les plus pauvres. Il forme la base de l'alimentation des habitants de nos côtes maritimes. Salé ou autrement conservé, et même frais, aujourd'hui que les chemins de fer le transportent rapidement, il peut pénétrer dans toutes les parties de l'empire, même dans les régions les plus éloignées de l'Océan. Il offrira bientôt, nous l'espérons, à nos populations agricoles un aliment d'autant plus précieux, que le prix de la viande de boucherie tend sans cesse à s'élever. Malheureusement, soit ignorance, soit préjugés, cette population n'apprécie pas à leur juste importance les ressources que lui offre le poisson ; d'ailleurs, et jusqu'ici, la production est restée beaucoup trop au-dessous des besoins. Puisse la pêche se développer assez complétement pour combattre l'ignorance et les préjugés, en fournissant à tous un aliment précieux, trop rare jusqu'ici.

La consommation du poisson, frais ou conservé, en France peut être estimée à 150 ou 180 millions de kilog. Le hareng salé ou fumé entre dans cette quantité pour environ 150,000 barils, du poids de 127 à 128 kil. net de poisson, ce qui donne un total de 19 millions de kil. d'un aliment exclusivement destiné aux classes pauvres. Le baril rendu à Paris vaut en moyenne 45 à 50 fr., ce qui donne un prix de 0,40 par kil. de hareng. La morue et le maquereau salés ou séchés sont également à des prix très bas, relativement à ceux des autres aliments. En 1858, la pêche de la morue a produit 34 millions de kil. de poissons ; mais sur cette quantité, 13 millions de kil. seulement sont entrés dans la consommation française ; le reste a été exporté soit aux colonies, soit à l'étranger (1). Les poissons frais, tels que le hareng, le maquereau, la raie, etc., etc., sont également à la portée des classes pauvres.

Malheureusement la consommation des produits de la pêche est trop peu développée en France. C'est à peine si elle s'élève à 5 kil. par tête et par an, et sur cette quantité, le hareng conservé entre seulement pour 0,55 kil. La population des côtes en absorbe nécessairement la plus grande partie, d'où il résulte qu'il existe en France un grand nombre d'individus qui connaissent à peine le poisson de mer, qu'il y a beaucoup de communes dans lesquelles il n'en arrive jamais et qui se trouvent ainsi privées d'une nourriture aussi fortifiante que la chair de certains animaux. La morue sèche n'entre pas du tout dans l'alimentation des régions centrales de la France ; à Paris même elle est peu connue. La petite quantité de ce poisson consommée dans la capitale est presque exclusivement de la morue verte. Ainsi le poisson le plus sain, celui qui est préparé avec le plus de soin et qui se conserve le plus longtemps, est le moins connu des Français. Il serait urgent de faire tous les efforts possibles pour populariser et développer la consommation du poisson. Cette urgence est d'autant plus grande que l'admission des produits de pêche anglaise frais, salés ou fumés, au droit réduit de 40 fr. à 10 fr. par 100 k. devra nécessairement porter un coup fatal à notre industrie si elle ne trouve de nouveaux et très larges débouchés.

La pêche présente donc de grands avantages au point de vue de l'économie politique, mais elle est loin d'être aussi avancée chez nous que chez nos voisins et chez la plupart des nations maritimes.

La pêche anglaise s'exerce à peu près sur les mêmes mers que la nôtre, mais elle est beaucoup plus importante et plus productive. Un exemple suffira pour le prouver. La production du poisson frais n'étant exactement constatée chez aucune des deux nations, nous le prendrons

(1) V. *Annales du commerce extérieur*, octobre 1860, n° 1292.

dans les salaisons. Nos pêcheurs livrent à la consommation environ 150,000 barils, soit 19,000,000 kil. de hareng. La pêche anglaise s'élève à 1,100,000 barils, qui, à raison de 100 kil. (1) chaque, donnent 110,000,000 kil.; sur cette énorme quantité, 350,0. 0 barils environ sont livrés au commerce d'exportation, le reste, 750,000 barils (75,000,000 kil.), est consommé dans le pays. Ainsi une population plus faible que celle de la France a près de quatre fois autant de poisson. La ration d'un Anglais est de 3 kil. au moins, tandis que celle d'un Français est à peine de 0,55. Cette différence est la même pour la morue et pour tous les poissons conservés, pour celui qui est livré à l'état frais, et même pour les huîtres. Il est constant que la consommation anglaise est de 30 kil. par tête et par an, tandis que la nôtre est de 5 seulement. Encore faut-il observer que la morue, comme le hareng, donne à nos voisins un excédant de production très considérable qui est livré au commerce extérieur. Ainsi, en 1856, l'Angleterre a reçu de ses pêcheries d'Amérique 64,700,000 kil. de morue sèche ou verte, dont la plus grande partie a été exportée, la pêche d'Ecosse et des îles donnant une quantité de poisson à peu près suffisante pour les besoins du pays.

Ainsi, non-seulement la pêche britannique pourvoit largement à la consommation locale, qui cependant est très considérable, mais encore elle alimente un commerce très important. Considérés seulement sous le rapport de la navigation, le hareng et la morue ont donné 99,000 tonneaux, et fourni à plus de 450 navires de 2 à 300 tonn. un fret de sortie, fret si précieux pour les nations industrielles dont les produits fabriqués présentent souvent peu de poids et de surface, et qui vont à l'étranger chercher des matières premières lourdes ou encombrantes (2). L'excédant de la pêche française de la morue, la seule qui donne lieu à l'exportation, n'a fourni à notre navigation que 21,000 tonneaux.

Il est impossible, faute de documents précis, de faire la même com-

(1) Le baril contient 224 livres anglaises, soit environ 100 kil.
(2) Cette importante question du fret de sortie a été très bien développée dans a note adressée à S. E. M. le ministre du commerce par la Chambre de commerce de Bordeaux au sujet du maintien de la taxe différentielle du pavillon. V. notre numéro du 20 novembre 1860.

paraison avec les autres nations ; mais il est constant qu'en Hollande, en Suède, en Danemark et aux États-Unis surtout, la consommation du poisson de mer est beaucoup plus considérable qu'en France, et que, par conséquent, l'industrie qui fournit la matière de cette consommation, la pêche, est plus développée et plus perfectionnée que chez nous.

Notre pêche n'est donc pas assez forte, elle ne produit pas tout ce qu'elle doit produire, elle est dans un état d'infériorité dont il est très important de la tirer, afin qu'elle puisse remplir le rôle qui lui est dévolu. Malheureusement la convention du 1er décembre 1860, complémentaire du traité du 23 janvier 1860, vient de porter un coup terrible à la petite pêche française ; il est fort à craindre qu'elle ne soit pas en état de supporter la concurrence qui vient d'être créée, et que, loin de se développer, elle succombe tout à fait.

Dans l'état actuel de la civilisation, le commerce maritime est l'âme de la prospérité des États, il est la principale source de leur richesse et par conséquent de leur force. Toute nation dont le territoire est baigné par la mer doit avoir une marine commerciale ; celle qui méconnaîtrait cette nécessité, non-seulement se priverait volontairement de toutes les ressources que donne le commerce, mais encore abdiquerait toute influence politique. Elle serait à la merci de tous les peuples maritimes. Mais pour avoir une marine commerciale, il faut des marins ; sans doute la navigation privée forme des matelots, mais elle n'en élève pas un assez grand nombre pour suffire à ses propres besoins ; elle est donc dans la nécessité de les recruter ailleurs.

D'un autre côté, la sécurité du commerce maritime et son développement exigent, même en temps de paix, une protection continue, une surveillance incessante et étendue à tous les pays où il s'exerce. Cette nécessité est surtout vraie pour le commerce français. En temps de guerre, il faut, sous peine de voir le commerce ruiné et la marine marchande anéantie, opposer à l'ennemi des forces capables de lutter avec les siennes, et même, s'il est possible, en état de prendre l'offensive et de le forcer à accepter de justes conditions de paix. Mais pour atteindre ce double but en temps de paix et en temps de guerre, il faut une marine militaire et par conséquent des matelots.

La France possède en Europe 2,400 kilomètres de côtes maritimes, un commerce et une navigation marchande qui commencent à se développer et dont la prospérité est assurée s'ils sont bien protégés et bien défendus ; elle doit donc avoir des forces navales proportionnées à cette position et assez considérables pour empêcher le retour des odieux excès dont l'Océan fut le théâtre au commencement de ce siècle, alors qu'une puissance qui n'avait plus de contrepoids crut pouvoir asservir l'univers à son avidité commerciale.

Ainsi donc, même en temps de paix et lorsqu'il s'agit seulement de protéger et de maintenir les intérêts commerciaux du pays, mais surtout en temps de guerre, la marine militaire a besoin d'un grand nombre de marins. La navigation commerciale elle-même exige plus de matelots qu'elle ne peut en former. A quelle industrie peut-on donc demander ces hommes spéciaux, rompus au métier de la mer et ayant fait un long apprentissage de la navigation? ces hommes que le commerce n'élève qu'en trop petit nombre et dont l'État ne peut pas faire l'éducation?

C'est ici que se trouve le rôle politique de la pêche; nous allons montrer combien il est important.

Nous avons constaté un fait reconnu par tous les hommes : la pêche a été chez toutes les nations du monde l'origine, la source première de la navigation ; depuis, et malgré les immenses progrès faits par les peuples civilisés dans l'art des constructions navales, la pêche est restée et restera toujours la pépinière principale des hommes de mer, la source unique et féconde de toute force maritime et navale. Quelque perfectionné que soit un vaisseau, qu'il soit mû par la force du vent ou par celle de la vapeur, qu'il soit construit de bois ou de fer, pour remplir le but de sa création il aura toujours besoin d'un nombre plus ou moins considérable d'hommes pour le manœuvrer, et il faudra toujours que ces hommes soient des marins. C'est une erreur grave de croire, comme l'ont dit et le soutiennent encore quelques personnes, que la découverte de la vapeur, la construction des vaisseaux blindés, ou l'invention des armes de précision, rendent inutiles les hommes spéciaux pour la navigation, et que désormais une flotte pourra être montée par des individus étrangers au métier de marin (1). C'est une erreur qui serait fatale à la nation qui l'adopterait. Dès le début de la guerre, son matériel, quelque perfectionné qu'il fût, deviendrait la proie de son ennemi plus habile.

Dans tous les pays maritimes, quel que soit le mode de recrutement des équipages de la marine, quelles que soient les lois qui régissent cette partie si importante de la force nationale, il faut que les équipages soient composés de marins, c'est-à-dire d'hommes habitués dès longtemps à une vie que nous admirons, mais que nous n'avons pas craint d'appeler *une vie contre nature.*

Tous les hommes sont en état de devenir soldats; sans doute il se rencontre des différences dans les dispositions, mais tous peuvent, après quelques semaines, quelques mois au plus d'exercices, servir leur pays dans les armées de terre, le défendre contre toute agression étrangère. Il n'en est pas de même sur mer. Le métier de marin exige une aptitude spéciale, et même avec cette aptitude un apprentissage long et difficile; un apprentissage qui doit commencer dès la première jeunesse, presque dès l'enfance. Il veut de plus une pratique continuée presque sans interruption. Un homme fait, un homme même jeune et à l'âge où la loi l'appelle au service terrestre de l'État, fera très rarement un bon matelot, même après des années d'apprentissage, et, dans tous les cas, quels que soient ses goûts et sa volonté, il lui faudra remplir cette dernière et indispensable condition, un apprentissage de plusieurs années.

Un État, quelque riche qu'il soit, ne saurait se charger des frais d'éducation de tous les hommes de mer dont il peut avoir besoin au moment de la guerre. Les dépenses énormes qu'entraînerait l'entretien de cette armée et du matériel nécessaire pour la porter et l'exercer seraient réellement au-dessus des forces des plus forts. Il faut donc qu'il trouve un moyen aussi sûr et moins onéreux de former ses marins. Ce moyen, c'est la marine marchande, dans une très faible proportion ; c'est surtout la pêche maritime, qui alimente même la marine marchande.

_____

(1) Cette opinion si erronée a été examinée récemment et réfutée avec un remarquable talent dans un Mémoire *sur le personnel et le matériel de la flotte,* par M. le capitaine de frégate Foullioy.

La petite pêche prend le marin dès son jeune âge; à 10 ou 12 ans elle embarque l'enfant, elle en fait ce que nos vieilles ordonnances appelaient un *garçon de bord*, ce qu'aujourd'hui nous nommons un *mousse*; elle l'habitue à braver les fureurs de l'Océan, à supporter les fatigues et les dangers de la mer; elle lui apprend la manœuvre, assez simple, il est vrai, mais bien dure, des barques de pêche. Il montera facilement sur les enfléchures de haubans celui qui dès son enfance a été habitué à grimper sans aucun secours à un mât nu. Plusieurs années sont employées à cet apprentissage; le mousse est devenu un novice, un matelot peut-être; fort et endurci, il est désormais propre à se perfectionner dans son métier; il est pris soit par la marine commerciale, soit et surtout par la grande pêche, et après quelques campagnes il revient marin consommé. Ces hommes ainsi élevés, le commerce les emploie, et l'Etat les trouve toutes les fois qu'il en a besoin, soit en temps de paix, soit en temps de guerre. L'inscription maritime les lui conserve.

L'inscription maritime, ce chef-d'œuvre de génie qui fait l'honneur et la force de la France, a été de nos jours attaquée avec acharnement par quelques hommes qui n'ont pas craint de la représenter comme une œuvre de despotisme et de barbarie, comme une institution suran_née qui ne pouvait continuer à subsister au XIXe siècle. Mais ces hommes étaient, nous ne craignons pas de le dire, ou complétement ignorants de la loi même qu'ils attaquaient, ou du nombre de ces utopistes qui n'hésitent pas à sacrifier le salut même de leur pays aux rêveries qu'ils revêtent du nom pompeux de *principes*. Pour nous, qui avons longtemps et mûrement étudié cette institution, nous n'hésitons pas à la proclamer le palladium de la force maritime de la France. L'Angleterre nous envie le système de l'inscription, et lui a emprunté toutes les dispositions susceptibles de recevoir leur application sur son territoire; l'Espagne l'a récemment établie chez elle; enfin, l'Italie s'empresse de l'adopter, comme le moyen le plus efficace de se créer une marine.

La pêche maritime est la pépinière principale des jeunes marins. Chaque bateau de pêche ayant plus de deux hommes à bord, le patron compris, doit prendre un mousse de 10 à 16 ans. Tout navire armé pour la grande pêche doit avoir un mousse par chaque dix hommes d'équipage. Si nous prenons les chiffres de l'année 1858, qui déjà nous ont servi de point de départ, nous trouvons que les 13,929 bateaux employés à la petite pêche portaient 11,500 jeunes marins parmi les 52,732 hommes embarqués. Les 492 navires expédiés à la pêche de la morue comptaient dans leurs 15,282 hommes au moins 1,500 mousses ou jeunes novices, ce qui donne un total de 13,000 jeunes gens élevés et instruits dans leur métier par les armements directs de pêche. Dans ce calcul nous ne comptons pas les inscrits provisoires âgés de moins de 20 ans, que les navires terreneuviens embarquent en assez grand nombre et qui sont compris dans le minimum d'équipage. Nous disons les armements directs parce que la pêche, ainsi que nous l'avons déjà vu, donne lieu, pour le transport des produits et des sels, etc., à un grand nombre d'armements soit au long cours, soit au cabotage. Ces armements, cependant, appartiennent réellement à cette industrie, et les jeunes gens qu'ils embarquent doivent être comptés comme des élèves de la pêche.

Les navires de commerce, soit caboteurs, soit longs courriers, sont tenus d'avoir à bord un mousse par dix hommes d'équipage ; ce mousse peut être remplacé par un novice ayant accompli dix-huit mois de navigation avant l'âge de 16 ans, c'est-à-dire ayant été mousse depuis l'âge de 14 ans 1/2. L'éducation faite par la marine commerciale est, on le voit, beaucoup moins importante que celle de la pêche.

Nous sommes loin cependant de penser que cette industrie donne au pays tout ce qu'il est en droit d'attendre d'elle ; nous croyons que la pêche peut facilement s'augmenter dans une proportion très considérable, et donner à la France, non pas 13 à 14,000, mais un nombre double au moins de jeunes marins, et par conséquent accroître dans la même proportion la navigation pacifique et productive du commerce et la force navale de notre patrie.

Ainsi donc, considérée sous les trois points de vue : commercial, économique et politique, la pêche maritime est réellement une des industries les plus importantes de l'État. A nos yeux, elle est la première de toutes, après l'agriculture ; on peut même dire qu'elle est l'agriculture de la mer. Ce mot est vrai, surtout de nos jours, alors que les rochers et les bancs voisins de nos rivages sont réellement cultivés et mis en coupes réglées ; alors que bientôt peut-être les progrès de la science permettront d'ensemencer même les eaux, et de leur faire produire des espèces de poissons inconnues dans nos parages ou depuis longtemps disparues.

§ 2. — GRANDES PÊCHES.

Il n'y a réellement que deux espèces de grandes pêches : la pêche de la baleine et celle de la morue ; elles seules réunissent les caractères essentiels pour appartenir à cette catégorie, l'emploi de navires d'une assez grande portée et un voyage de long cours. Cependant on range ordinairement dans cette classe la pêche du corail. Nous nous conformerons à cet usage, fondé sans doute sur ce fait, que les bateaux corailleurs, quoique de petites dimensions, vont faire la pêche sur les côtes septentrionales de l'Afrique et restent en mer pendant plusieurs mois.

Section 1re. — Pêche de la baleine.

La pêche de la baleine, telle qu'elle est pratiquée aujourd'hui, doit être divisée en deux espèces bien distinctes : la pêche du nord et la pêche du sud.

La pêche du nord se pratiquait autrefois dans les mers qui baignent les côtes du Canada, de la Nouvelle-Écosse et du Labrador ; le poisson était assez nombreux, peut-être même était-il plus facile à approcher. De nos jours il est devenu beaucoup plus rare ; sans doute la reproduction, qui, comme on le sait, est très lente, la baleine n'ayant qu'un ou deux petits au plus, n'est pas assez considérable pour compenser la destruction. De plus, effrayé par la guerre acharnée qui lui est faite, le cétacé s'est retiré beaucoup plus au nord, sur les côtes du Groënland, dans le détroit de Davis, dans la baie de Baffin et sous les glaces polaires. Les baleiniers sont presque toujours forcés, pour trouver leur

proie, de s'élever au delà du 60e degré de latitude nord. La saison de
pêche ne saurait être longue dans ces parages ; elle dure deux ou trois
mois, et chaque année les navires rentrent au port d'armement.

La pêche du nord donne la baleine proprement dite ou baleine
franche, qui produit une huile abondante et de très bonne qualité, et
les fanons les plus estimés. Mais ce poisson précieux est rare et difficile à atteindre ; aussi les baleiniers anglais et américains (depuis longtemps les Français ont complétement abandonné la pêche du nord) se
livrent avec un plein succès à ce qu'ils appellent la pêche du veau marin. C'est bien plutôt une chasse qu'une pêche. Sous la dénomination
de veaux marins, on comprend toutes les variétés de phoques, dont les
bandes innombrables couvrent souvent les glaces flottantes et les rivages des terres polaires. Ces amphibies, sans aucune espèce de défense,
qui n'ont pas même la possibilité de fuir avec vitesse lorsqu'ils sont
hors de l'eau, sont facilement atteints par les matelots et assommés à
coups de bâton. On en tire une huile assez abondante et estimée dans le
commerce, bien qu'elle soit inférieure à celle de la baleine. Leur peau
est recherchée pour divers usages. Les phoques sont si communs dans
ces régions qu'il n'est pas rare de voir un navire rapporter deux mille
peaux de veaux marins. En général les pêcheurs du nord conservent à
bord les lards des poissons ou des phoques et les rapportent au port
d'armement, où l'huile est fabriquée.

La pêche du sud se pratique dans toutes les mers au sud de l'Europe, sur les côtes occidentales de l'Afrique, sur les bancs du Brésil,
de l'Amérique méridionale et de la Patagonie, au sud du cap Horn, et
jusqu'au 62e degré de latitude méridionale. Elle s'étend ensuite sur la
côte ouest de l'Amérique jusqu'au Kamtchatka, s'avance à travers l'o-
céan Pacifique sur les côtes du Japon, de la Cochinchine et de l'Amérique russe. Enfin elle se pratique aussi à l'est du cap de Bonne-Es-
pérance et au sud de l'Afrique. Ses produits sont assez variés. Dans
l'océan Atlantique, et plus rarement sur les côtes occidentales de l'Amérique, elle trouve le *rorquals*, espèce de baleine plus petite que celle du
nord, dont l'huile, quoique de bonne qualité, est inférieure à celle de
la baleine franche. L'océan Pacifique et les mers d'Asie fournissent
la baleine noire (*black-whale* des Anglais), dont la graisse est encore

inférieure aux produits du rorquals. Enfin, le cachalot, aujourd'hui devenu très rare, se trouve dans toutes les mers des régions chaudes et tempérées parcourues par les baleiniers. La matière de tête du cachalot connue sous le nom de *blanc de baleine* est la plus précieuse de toutes les huiles de poisson. L'huile tirée du lard de ce cétacé est de très bonne qualité. Les pêcheurs du sud s'adonnent également à la chasse des phoques, qui sont aussi abondants dans ces régions que dans les mers arctiques. Ils y trouvent même des espèces beaucoup plus grandes que celles de ces dernières contrées : tels sont les éléphants de mer, les lions marins, etc., etc.

La pêche du sud exige une navigation beaucoup plus longue que celle du nord ; la durée d'une campagne est de trente à trente-six mois ; les Américains restent souvent quarante mois à la mer. Ces baleiniers fondent les lards à bord et rapportent l'huile fabriquée. Pendant leur longue navigation, ils sont souvent retenus dans des rades éloignées ; ils profitent de ces moments de repos forcé pour préparer l'huile. Il serait d'ailleurs impossible de conserver les lards en nature pendant la durée d'une aussi longue campagne.

Les Français divisent la pêche du sud en deux espèces : celle de la baleine et celle du cachalot, et accordent à cette dernière quelques avantages spéciaux (une prime sur les produits), avantages auxquels peuvent également prétendre les simples baleiniers qui, ayant rempli les conditions de navigation imposées aux cachalotiers (trente mois au moins de navigation et le parcours de certaines mers déterminées par la loi), rapportent en France des produits de cachalot. Cette pêche spéciale exige un voyage de véritable circumnavigation.

La pêche de la baleine, soit du nord, soit du sud, les expéditions cachalotières, sont d'excellentes écoles maritimes. Dans les mers arctiques les bâtiments ont incessamment à lutter contre les glaces et les tempêtes si fréquentes qui bouleversent cette partie de l'Océan. Dans le sud, les équipages font des campagnes de deux à trois ans dans toutes les régions que nous avons énumérées, et sur des mers souvent fort mauvaises. Aussi peut-on affirmer que le matelot qui a fait quelques campagnes à la pêche du nord, ou seulement une ou deux à la pêche du sud, est un homme de mer consommé, un bon gabier. C'est la plus dure mais la meilleure école pour les marins. Malheureusement elle est à peu près nulle pour la France.

La pêche de la baleine est une invention française. Sans aucun doute, de temps immémorial, les peuples riverains des mers du nord, les Danois, les Norwégiens, s'emparaient des cétacés que les tempêtes poussaient vers leurs côtes, mais ils ne pratiquaient pas réellement la pêche. Les Basques prirent longtemps les baleines dans le golfe de Gascogne, où elles descendaient en assez grand nombre. La guerre incessante qu'ils leur faisaient finit par les éloigner : ils les suivirent jusque dans les mers du nord de l'Amérique. Les Normands et les Bretons imitèrent les Basques. Pendant longtemps la France eut le monopole de cette magnifique branche d'industrie maritime. Nos marins seul avaient le secret d'approcher de la baleine et de s'en emparer. Aussi dès le XVIe siècle cette pêche était-elle très florissante. Au commencement du XVIIe siècle nous possédions un grand nombre de navires baleiniers. Le seul port de Saint-Jean-de-Luz armait trente bâtiments pour cette destination.

Les Hollandais tentèrent plusieurs fois de nous faire concurrence, mais leurs premiers essais ne furent pas heureux. Ils ne se découragèrent pas cependant. En 1636, profitant du trouble jeté dans nos armements par la prise de Saint-Jean-de-Luz par les Espagnols, prise qui amena la destruction d'un grand nombre de navires baleiniers qui se trouvaient dans le port, ils attirèrent chez eux quelques-uns de ces habiles pêcheurs restés sans emploi, et apprirent d'eux la manière de faire la pêche. A peine en état de pratiquer cette industrie, les Hollandais cherchèrent par tous les moyens possibles à expulser les Français de ces mers, où ils avaient les premiers fondé la pêche. Les moyens employés par eux pour atteindre ce but ne furent pas toujours conformes au droit international, ni même à la justice.

Jusqu'à l'époque de cette déloyale concurrence, les pêcheurs français conservaient le lard des poissons à bord jusqu'à ce qu'ils pussent descendre sur une terre quelconque pour le faire fondre et fabriquer l'huile. Pour cet usage spécial ils avaient établi sur les côtes du Canada et du Labrador (au XVIIe siècle, les pêcheurs baleiniers ne s'élevaient pas beaucoup plus au nord) des fonderies, espèces d'usines banales qu'ils abandonnaient dès que l'opération était terminée, et que d'autres venaient occuper ensuite. Ils y laissaient, même hors la saison de la pêche, tous les ustensiles nécessaires à cette fabrication. Plusieurs fois même en pleine paix les pêcheurs hollandais détruisirent complétement ces établissements, qui, gardés par un ou deux hommes, ne pouvaient opposer aucune résistance. Ces actes coupables d'une rivalité injuste et violente donnèrent lieu à une invention très importante pour les pêcheurs : le Basque François Soupite de Cibours trouva le moyen de faire fondre les graisses à bord, et même sous voiles.

Les Anglais suivirent de près les Hollandais dans cette carrière, et se livrèrent avec autant d'ardeur que de succès à la pêche. Les habitants des colonies de la Grande-Bretagne, dans le nord de l'Amérique, imitèrent l'exemple de la métropole, et acquirent une très grande habileté. L'île de Nantuket fournissait les meilleurs harponneurs. A cette époque déjà reculée, les baleiniers ne fréquentaient que les mers du nord ; la pêche du sud fut commencée beaucoup plus tard.

Après avoir inventé la pêche de la baleine, après l'avoir pratiquée avec beaucoup d'avantage, la France semble avoir abandonné cette branche si importante de sa navigation. En 1783, nous ne possédions plus un seul navire baleinier ; les traditions de cette industrie étaient tellement perdues pour nous, qu'il eût été impossible de trouver un seul harponneur parmi nos marins. Le roi Louis XVI, qui cherchait tous les moyens de développer la marine française, se préoccupa vivement d'une perte aussi sensible, et chercha les moyens de raviver une industrie aussi importante pour notre prospérité maritime. Les instructions données par lui à La Pérouse prouvent à quel point il tenait à ranimer les expéditions baleinières dans le sud. Il fit venir en France et établit auprès de Dunkerque une petite colonie de Nantukois, et lui-même fit, de ses deniers privés, plusieurs armements baleiniers. Des primes importantes furent en outre accordées aux armateurs qui voudraient suivre l'exemple donné par le souverain. Il est probable que cette tentative eût été couronnée de succès, mais la révolution française et les guerres qui la suivirent paralysèrent tous les efforts, la pêche de la baleine fut complétement abandonnée. Pendant toutes les guerres de la fin du siècle dernier et du commencement de celui-ci, les mers resté-

rent fermées à la navigation française ; il ne put donc être question d'entreprises de la nature de celles dont nous nous occupons.

En 1816, le Gouvernement fit des efforts pour raviver en France la pêche de la baleine. Tout était à faire ; nous n'avions pas un seul navire propre à cette navigation, pas un homme en état de faire la pêche, et pas même un fabricant capable de confectionner les ustensiles les plus indispensables. Néanmoins on tenta, et la tentative réussit, au moins pendant quelques années. L'introduction des navires baleiniers étrangers fut permise sous certaines conditions ; on favorisa de même l'acquisition des ustensiles de pêche ; on permit de former des équipages avec une proportion très large de marins étrangers exercés à cette navigation ; enfin, on accorda des primes assez considérables aux armateurs. Sous ce régime, l'industrie put renaître, le succès paraissait assuré. Dès 1829 nos chantiers fournissaient les bâtiments et les pirogues nécessaires, tous les ustensiles pouvaient se trouver en France ; on put donc fermer nos ports à l'introduction du matériel étranger. Un nombre assez considérable de nos marins s'étaient formés ; on réduisit la proportion des étrangers admis dans les équipages, et on défendit de leur confier plus de la moitié des places d'officiers, de chefs de pirogue et de harponneurs. Cette prospérité continua à s'augmenter jusqu'en 1836. Dans cette année il sortit des ports de France quarante-quatre navires baleiniers jaugeant 19,128 tonneaux, montés par 1,615 hommes parmi lesquels il ne se trouvait que 41 marins étrangers. Il est remarquable que tous ces armements furent faits pour la pêche du sud. La pêche du nord ne fut pas reprise par les Français. Les campagnes duraient de seize à vingt-quatre mois ; il y avait donc à la mer un nombre de baleiniers beaucoup plus considérable et presque double de celui des bâtiments expédiés dans l'année.

A partir de cette époque la pêche tomba de nouveau dans une décadence complète. Les incertitudes que jetait parmi les armateurs une législation qui variait tous les cinq ans, la diminution successive des primes, et la menace incessante de les supprimer complétement à chaque période quinquennale, contribuèrent beaucoup à cette rapide décroissance. Cependant, dès 1850, le Gouvernement voulut porter remède à ce mal. Il remit les primes au taux où elles étaient en 1832, et donna plus de fixité à la loi en lui attribuant une durée de dix ans. Mais ces mesures ne purent arrêter le mouvement rétrograde. En 1856 nos ports n'ont expédié que huit baleiniers, six en 1857, et quatre seulement en 1858. Nous ne possédons pas plus de dix à douze navires destinés à cette navigation, et tous ne sont pas à la mer.

La pêche de la baleine est également en pleine décroissance en Angleterre. En 1790, 161 navires anglais jaugeant 46,000 tonneaux étaient expédiés à la seule pêche du nord ; 1814 en comptait encore 112 du port de 56,500 tonneaux, montés par 4,708 hommes d'équipage. A cette époque, la Grande-Bretagne accordait des primes à cette industrie : ces encouragements furent supprimés en 1822. En 1846, on n'expédia que 18 navires pour la pêche. Cependant un mouvement de recrudescence se fit bientôt sentir ; 1852 envoya 49 baleiniers dans les mers polaires arctiques ; mais ce mouvement ne se soutint pas. La décadence est encore plus complète pour la pêche du sud.

On doit observer cependant que la décroissance des armements anglais n'est pas aussi grande qu'elle le paraît par les chiffres, d'ailleurs très officiels, que nous venons de rapporter. En effet, ces chiffres ne portent que sur les navires expédiés des ports de la Grande-Bretagne en Europe. Or, pour la pêche du nord les habitants du Canada, du Labrador et autres colonies du Nord-Amérique, arment chaque année pour la pêche de la baleine et des phoques un grand nombre de bâtiments légers. Ces navires sont petits, il est vrai, mais ils n'ont qu'une courte traversée à faire pour arriver sur les lieux de pêche, ils sont, par conséquent, plus à portée que ceux expédiés d'Europe de profiter de toutes les circonstances favorables. Le même fait se représente pour la pêche du sud. Voulant éviter les longues traversées nécessaires pour arriver sur les lieux fréquentés par les baleines, des capitalistes anglais ont eu l'idée de fonder des établissements fixes dans les possessions britanniques de l'océan Pacifique. Une de ces sociétés fut établie à Londres en 1847, au capital de 1,000,000 de livres (25,000,000 de francs) ; ses établissements sont aux îles Auckland. Ces bâtiments peuvent, dans une campagne de quinze à dix-huit mois, rester aussi longtemps sur les lieux de pêche, et, par conséquent, obtenir autant de produits que les Européens en trente ou trente-six mois. Nous n'avons pas de documents sur le nombre des armements faits chaque année par ces compagnies ; mais avec des capitaux aussi considérables, leurs opérations doivent être nombreuses, et nous savons qu'elles sont prospères.

Le monopole de l'industrie baleinière appartient en réalité aux États-Unis d'Amérique. Une flotte très considérable est consacrée tout entière à cette pêche. Il résulte du rapport annuel publié par le gouvernement de l'Union sur le commerce étranger pour 1857-1858, que pendant cette année 1,140 navires jaugeant 203,062 tonneaux, montés par 16,370 hommes, ont été employés à la pêche. Ils ont rapporté 347,150 barils d'huile ou de blanc de baleine, et 369,000 kil. de fanons d'une valeur totale de 12,040,805 dollars, soit 64,500,000 fr. (1). Ce qui est fort remarquable, c'est que, malgré leur nombre immense, ces armements donnent d'énormes bénéfices. D'après un document officiel (2) dans les campagnes 1849-1850, 144 baleiniers américains firent la pêche du nord, celle qui est la plus pénible et souvent, dit-on, la moins fructueuse. La valeur de ces baleiniers et de leur armement était de 8,970,000 dollars; les produits de la pêche furent de 8,452,453 dollars. C'est-à-dire qu'en deux années le capital fut presque doublé: c'est un bénéfice qui approche de 100 p. 0/0. Sans doute ce succès est une exception, mais il est incontestable que la pêche de la baleine donne aux Américains de très grands bénéfices. Le capital employé dans ces opérations s'élève à plus de 170,000,000 de francs; ses produits ont été de 55,567,500 en 1856, de 55,024,121 en 1857; nous venons de voir que 1858 a beaucoup dépassé ces sommes, déjà si considérables. Par le nombre de navires qu'elle emploie, par le nombre de marins qu'elle forme, la pêche de la baleine est maintenant la plus riche pépinière de matelots que possèdent les États-Unis, et un de leurs plus grands intérêts commerciaux par l'importance de ses produits et des capitaux qui y sont engagés.

Le centre des armements baleiniers américains est le port de New-

____

(1) V. *Annales du commerce extérieur*, janvier 1860, nᵒ 1214 : *Faits commerciaux*, nᵒ 32.

(2) Note du 5 avril 1852 adressée au Sénat des États-Unis par M. Graham, ministre de la marine.

Bedford ; presque tous les ports des États de Massachussetts, Connecticut, New-York et Rhode-Island, prennent part à ces opérations. Depuis quelques années on a commencé à armer pour la pêche des navires à hélice ; en 1857 on comptait 49 baleiniers de cette espèce. Les Anglais ont également commencé à employer ce moyen pour faciliter leurs opérations.

La Norwége et la Hollande s'occupent aussi de la pêche de la baleine, et, quoique inférieures à l'Angleterre, elles sont beaucoup supérieures à la France.

Il nous reste à rechercher quelles ont pu être les causes qui, en France, ont anéanti l'industrie baleinière, et s'il existe quelques moyens de faire revivre à notre profit une navigation si importante sous le double point de vue commercial et politique. Les produits de la pêche nous semblent suffisamment rémunérateurs pour engager les capitalistes et les armateurs à s'engager dans ces opérations. Les primes considérables payées par l'État, et qui s'élèvent à plus de 50,000 fr. pour un navire pc 450 tonneaux, viennent encore accroître les produits de l'opération et leur donner une sorte de certitude très importante. Tout paraît donc se réunir pour aider au développement de cette précieuse pépinière de matelots. Le but n'est pas atteint cependant ; elle est à peu près complétement perdue pour notre pays. Le Gouvernement lui-même, découragé par l'insuccès de ses efforts, semble la regarder comme définitivement anéantie. La loi du 28 juillet 1860 sur les grandes pêches contient ļ'allocation des primes pour les baleiniers encore pendant dix ans ; mais l'exposé des motifs montre cette pensée que le législateur lui-même ne compte pas sur l'efficacité de la loi pour ranimer nos armements (1'.

Quelques personnes attribuent notre insuccès en matière de pêche baleinière à l'avilissement du prix des huiles de poisson et autres produits de pêche, avilissement qu'elles regardent comme la conséquence de l'introduction des graines oléagineuses à des droits très réduits, et aussi au développement considérable de l'éclairage au gaz. Nous sommes loin d'admettre cette explication. Les fanons de baleine ont quintuplé leur valeur commerciale depuis quelques années ; en 1858, le seul port

---

(1) V. l'exposé des motifs de la loi du mois de juin 1860 sur les grandes pêches.

du Havre en a reçu pour 2,266,412 fr., provenant de pêche américaine. L'Angleterre, qui elle aussi s'éclaire au gaz, qui elle aussi admet les graines oléagineuses presque en franchise, reçoit chaque année des quantités considérables d'huiles des États-Unis; et s'il n'en arrive pas en France, c'est parce qu'elles sont frappées d'un droit réellement prohibitif. Les Américains en ont exporté en 1858 38,504 barils de 100 litres chacun. Là donc n'est pas certainement la source du mal.

On a prétendu aussi que le marin français n'était pas propre à ces longues campagnes, pendant lesquelles la nostalgie l'atteignait souvent; qu'il était peu apte aux opérations de la pêche. Pour répondre à ces reproches, il suffit de rapporter le témoignage des capitaines baleiniers de New-Bedford, qui font tous leurs efforts pour se procurer des matelots français, des déserteurs de notre marine ; et qui tous affirment qu'ils sont plus disciplinés, plus faciles à conduire, et que les Américains eux-mêmes sont rarement d'aussi bons baleiniers. Cette prétendue cause n'existe pas; et alors même qu'elle existerait dans une certaine proportion, on peut affirmer qu'elle n'est pas générale, et que par conséquent elle ne peut avoir aucune influence sur la prospérité de la pêche.

Enfin la cherté relative de nos constructions navales et de nos armements a été présentée comme un des motifs principaux de l'éloignement de nos armateurs pour les expéditions baleinières. D'abord nous ferons observer que cet argument, qui eût pu avoir quelque valeur il y a cinquante ans, est complétement inexact aujourd'hui. Les constructions maritimes d'un fort tonnage sont encore un peu moins coûteuses aux États-Unis que dans nos ports, mais les prix sont complétement nivelés pour celles qui n'excèdent pas 300 ou 350 tonneaux. La preuve est facile à donner. Un décret impérial du 17 octobre 1855 a permis, moyennant le payement d'un droit très minime (10 p. 0/0 de la valeur), l'introduction des navires de construction étrangère. C'était le cas de faire de nombreux achats, si les prix étaient différents ; et cependant un très petit nombre d'armateurs français ont profité de cette faculté. En ce qui concerne les frais d'armement, ils ont tellement augmenté en Amérique, qu'ils sont réellement aussi considérables qu'en France. D'ailleurs, les primes accordées par le Gouvernement compenseraient, et beaucoup au delà, la très minime différence qui pourrait exister entre les frais de nos armements et ceux des Américains, qui ne reçoivent aucun encouragement.

Les faits allégués ne sont donc pas les causes réelles de la décadence de l'industrie baleinière en France. Mais il y en a deux que nous croyons pouvoir regarder comme les véritables motifs de notre infériorité.

La première est le caractère même du commerce national, nous dirions presque le génie français, quoique cependant nous voyions tous les jours, par les opérations même auxquelles il se livre, que cet esprit restrictif se modifie beaucoup. Chez nous les capitaux sont timides ; ils n'osent pas s'aventurer dans les opérations longues, ils ne se risquent à sortir que pour peu de temps et lorsque l'on peut apercevoir le moment de la rentrée. La perspective d'une spéculation de quelque durée, surtout lorsqu'elle doit être faite loin de la surveillance personnelle du possesseur, les effraye ; ils refusent le plus souvent d'y prendre part. Cette cause première, qui existe encore dans la plus grande partie de notre pays, agit moins fortement à Paris et dans les grands centres commerciaux; elle s'effacerait sans doute bientôt si elle n'était beaucoup aggravée par la seconde.

Depuis quelques années plusieurs sociétés baleinières se sont formées en France : elles ont trouvé dans quelques ports, et surtout à Paris, les fonds qu'elles demandaient. Cependant elles n'ont pas eu de succès ; si elles ne sont pas encore complétement tombées, elles végètent péniblement et ne peuvent exercer qu'une influence très défavorable sur l'avenir de l'industrie. Sans doute il y a quelques causes d'insuccès qui nous sont inconnues et que nous ne pouvons signaler, mais il y en a deux qui frappent tous les yeux.

La pêche de la baleine, nous ne prétendons pas le dissimuler, est une opération qui offre beaucoup de chances favorables ou défavorables. Prise dans un grand ensemble, elle assure de grands bénéfices ; prise sur une petite échelle, elle peut rester infructueuse. Les sociétés françaises ont eu cet immense désavantage d'opérer sur une échelle beaucoup trop restreinte. Elles possèdent à peine cinq ou six navires, qui le plus souvent ne sont pas expédiés de manière à ce que des retours opérés chaque année permettent que des distributions régulières soient faites aux intéressés. Une mauvaise pêche, des avaries faites par un des navires, ne peuvent être couvertes par le succès des deux ou trois autres; un sinistre démonte la société. D'ailleurs ces petites associations ont des états-majors aussi nombreux, aussi complets, que si elles opéraient sur de très larges bases, et la part faite à ces administrateurs, beaucoup trop forte en proportion des opérations, absorbe tous les bénéfices possibles au profit de ceux-là même qui ont exposé bien peu de capitaux. Dans la plupart, outre des appointements fixes et de larges attributions d'*actions industrielles*, les administrateurs ont droit à des commissions exorbitantes : 5 p. 0/0 sur toutes les dépenses de construction ou d'achat du navire, d'armement, d'approvisionnement, et même sur les avances faites à l'équipage, en un mot sur toutes les dépenses généralement quelconque de l'opération, même sur celles faites en cours de campagne; puis 5 autres p. 0/0 sur toutes les recettes provenant de ventes des produits, des primes, et même des ventes du matériel réformé. Ces commissions sur l'armement d'un navire de 350 tonneaux, dont la mise dehors coûterait 215,000 fr., qui rapporte par les primes 42,000 fr. et par les produits 100,000 fr., donnent au directeur de la compagnie, outre les appointements fixes et les parts afférentes aux actions industrielles, une somme de 17,850 fr. On comprend que de pareilles allocations absorbent une grande part des bénéfices. Cet administrateur n'a d'ailleurs aucun intérêt à chercher l'économie dans les dépenses; il n'est pas identifié au succès de l'entreprise, ses bénéfices sont assurés par les commissions. Il y a quelques années, nous avons été consulté au sujet d'un acte de société baleinière qui faisait à son gérant une part tellement léonine, que nous avons dû en faire l'observation et refuser tout concours à cette fondation. Cet acte s'est réalisé cependant dans les termes mêmes où il avait été préparé; mais nous savons quelles plaintes et quelles récriminations il a soulevées depuis.

Telles sont à nos yeux les véritables causes de l'anéantissement de a pêche de la baleine. La dernière surtout est celle qui a exercé et exerce encore la plus fatale influence sur nos armements; nous sommes convaincu que si elle cessait d'exister, les capitaux français s'habitueraient vite à seconder des opérations rendues sûres et fructueuses par une sage administration.

La cause du mal étant connue, il nous semble facile de trouver les moyens de le faire disparaître. Le plus sûr est sans doute d'imiter ceux qui exercent la même industrie sur une très large échelle et en tirent de grands bénéfices. Examinons donc quels procédés emploient les Américains, qui réussissent admirablement sans aucun secours de leur gouvernement ; empruntons ceux de ces procédés qui peuvent s'accorder avec nos mœurs, et probablement nous réussirons aussi , nous qui recevons de l'État des primes importantes (1). En Amérique, l'association est la base constante de tous les armements baleiniers. Les sociétés en participation sont les plus nombreuses. Sur l'initiative d'un ou de plusieurs négociants, une société se forme ; elle achète un navire dont la valeur, combinée avec les frais d'armement et les intérêts calculés pendant la durée présumée de la pêche , détermine le montant du capital social, qui est fractionné en un certain nombre d'actions. On nomme ensuite un gérant rétribué, qui est chargé de veiller à l'équipement du navire, de choisir le capitaine , de recevoir et de vendre les produits de la pêche au fur et à mesure qu'ils arrivent, et de liquider l'entreprise lorsqu'elle est arrivée à son terme. Chaque associé reste libre d'assurer ou non la part qui lui appartient, de la vendre et d'en disposer dès qu'il en a versé le montant. Les actions sont rarement de moins de 10,000 fr. ou de plus de 20,000. Mais beaucoup d'armateurs sont intéressés sur un grand nombre de navires, et forment ainsi une sorte d'assurances mutuelles. Le plus souvent la société se continue pour une seconde et une troisième campagne, jusqu'à ce que le bâtiment soit hors d'état de servir à cette navigation. Il faut même observer que les dernières opérations sont les plus avantageuses, parce que la valeur du navire est amortie d'un cinquième par voyage, et que par conséquent le capital engagé est diminué de cette quantité , tandis que les produits restent les mêmes.

Pour la pêche de la baleine, on prend des navires solides, construits spécialement pour ce genre de navigation et bons marcheurs. Les clip-

(1) Les renseignements qui suivent sur les armements américains sont extraits des *Annales du commerce extérieur*, janvier 1860 , n° 1214.

pers sont en général préférés. Pour la pêche du nord, on emploie des bâtiments de 200 tonneaux au plus; celle du sud se fait avec des navires de 300 ou 350 tonneaux. On a renoncé aux navires de grandes dimensions (5 à 600 tonneaux), que l'on préférait il y a quelques années.

Un clipper de 300 tonneaux presque neuf et tout gréé coûte environ 100,000 fr. L'armement complet pour 40 mois de navigation, avec les baleinières et les rechanges, barriques (la moitié des barriques sont vieilles), chaudières, engins de pêche, lignes, plats-bords de radoub et vivres pour 28 hommes, marchandises de troc pour se procurer des vivres dans les relâches, et avances de l'équipage, coûtent 86,000 fr. Dans tous les armements il est d'usage de faire entrer une certaine quantité de vieux matériel. En y ajoutant fictivement l'intérêt des 186,000 fr. déboursés à raison de 7 p. 0/0 par an, on a un capital de 213.000 fr.

Pendant le cours de la campagne, le navire, toutes les fois qu'il en trouve l'occasion, expédie au port d'armement les produits de la pêche. Ces envois se font ordinairement par l'intermédiaire des autres navires pêcheurs sur le point de rentrer en Amérique, rencontrés dans les ports de relâche où ils se rendent après chaque saison de pêche, soit pour reposer les équipages, soit pour se ravitailler. Ces envois ont l'avantage de donner à la société les intérêts de la marchandise vendue jusqu'au moment de la liquidation. Pendant la dernière année, le baleinier conserve tous ses produits pour les rapporter lui-même; et s'il n'a pas son chargement complet, il prend pour le parfaire l'huile de quelque autre bâtiment. L'usage a fixé le prix de ces transports par intermédiaire d'une manière absolue et uniforme pour tous.

Le succès de l'entreprise dépend surtout de la capacité des officiers et de l'adresse des harponneurs; cette partie de l'équipage est choisie avec le plus grand soin; quant à l'autre partie, les Américains y attachent peu d'importance : à l'exception de deux ou trois marins, ils la composent de novices (*greenhands*). Ces hommes sont généralement recrutés parmi les émigrants étrangers qui ne savent comment gagner leur vie. La part de pêche accordée à ces novices est d'un tiers moins forte que celle des matelots. Les Américains rangent aussi dans cette classe les marins étrangers déserteurs, parce que, disent-ils, ils ne comprennent pas l'anglais. L'équipage d'un navire de 300 tonneaux, armé pour la pêche du sud et une campagne de 40 mois, se compose de 28 ou 30 hommes, savoir : le capitaine, le second, 2 ou 3 lieutenants, 4 harponneurs et 19 ou 20 matelots et novices.

Les armements baleiniers et cachalotiers sont toujours faits à la part ; l'armement prélève les deux tiers des produits, l'autre tiers est partagé entre l'équipage dans des proportions déterminées. Les avances faites aux matelots au moment du départ sont retenues sur la part de pêche ; seulement les armateurs ont l'habitude d'ajouter aux sommes réellement avancées 40 0/0 d'intérêts usuraires.

Les capitaines et les officiers en réputation reçoivent, outre les parts de pêche, des avantages assez considérables. Il y a des capitaines qui obtiennent de l'armement jusqu'à 10,000 fr. de gratification. Ils sont en outre autorisés à embarquer pour leur compte des pacotilles qui s'élèvent jusqu'à 10,000 et 15,0'0 pour le capitaine, 5,000 et 6,000 pour les autres officiers.

Appliquons aux armements français ce mode de procéder, en accordant quelque chose à la timidité de nos capitalistes, timidité qui disparaîtra bientôt si la réussite vient couronner les entreprises.

Les armements individuels, ou faits par un seul armateur, ne doivent pas être tentés, ils présentent trop d'incertitude et même de chances mauvaises ; l'opération exige une mise de fonds trop considérable, et le même capitaliste aura beaucoup plus de bénéfices en répartissant les 213,000 fr. nécessaires sur quinze ou vingt baleiniers. La société en participation telle que nous venons de la voir pratiquée aux États-Unis donnerait, nous en sommes convaincu, d'excellents résultats, qu'on l'applique à la pêche du nord ou à celle du sud. Elle permet d'ailleurs à chaque intéressé de diviser ses fonds sur plusieurs navires, et par conséquent de multiplier les chances de succès. Sans doute ce genre d'opérations n'est pas encore entré dans nos habitudes commerciales, mais il serait très utile de l'y introduire. Le moyen d'y parvenir serait la création d'une Banque spéciale assez forte pour faire les avances aux armateurs, à un taux raisonnable et déterminé. Ces intérêts, ainsi que nous l'avons vu, seraient compris dans le capital même de l'armement. Il ne s'agit pas ici de prêts à la grosse, toujours faits à des conditions exorbitantes à cause du risque couru par le bailleur de fonds. C'est un prêt ordinaire et parfaitement garanti. La part sociale de l'emprunteur, y compris les intérêts et même les produits, étant assurée, la Banque aurait pour gage, outre la solvabilité personnelle de l'armateur, le navire et sa cargaison en cas de retour, l'assurance en cas de sinistre. Jamais capital commercial ne fut plus sûrement placé. Ce genre d'association nous paraît le plus facilement applicable aux armements baleiniers, surtout pour les habitants des ports ; mais jusqu'à ce qu'il soit bien établi dans notre pays, il laisserait souvent en dehors les capitaux de l'intérieur, et notamment de Paris.

L'industrie baleinière pourrait puiser un grand développement dans les sociétés anonymes, et même dans les sociétés en commandite ; nous préférons beaucoup les premières. Mais pour qu'elles puissent réussir, il faut qu'elles soient établies sur des bases autres que celles adoptées jusqu'ici en France. La société anglaise des îles Auckland, les sociétés américaines, sont toutes constituées avec des capitaux considérables qui leur permettent de faire de nombreux armements parfaitement équipés et sans aucune dépense inutile. Une société établie sur ces bases, avec un capital de 15, de 20 ou de 25 millions, aurait même en France les plus grandes chances de succès. Elle devrait posséder 30, 40 ou 50 navires toujours à la mer, dont les départs seraient échelonnés de manière à ce que des retours eussent lieu chaque année. La société pourrait en outre entrer en participation dans un très grand nombre d'armements faits d'après le système dont nous venons de parler. Son concours favoriserait le développement de ces expéditions beaucoup plus efficacement même que les secours d'une Banque.

Un directeur habile suffirait pour l'administration ; ainsi, sauf les appointements de quelques commis, les frais généraux seraient les mêmes que ceux d'une société ne possédant que 5 ou 6 navires. Cet administrateur ne recevrait pas d'appointements fixes, il ne lui serait alloué aucune commission. Son traitement, qui devrait d'ailleurs être largement fixé, doit être lié d'une manière absolue au succès des opérations. Il devrait donc recevoir, à titre de rémunération de son travail, le produit d'un nombre déterminé d'actions faisant partie de l'actif so-

cial, mais dont la propriété resterait à la société, à laquelle elles feraient retour en cas de retraite ou de décès. De cette manière le gérant
sera le sociétaire le plus intéressé aux succès communs. Il fera les
achats, les constructions, les armements, avec une économie bien en-
tendue, sans jamais rien négliger de ce qui pourra contribuer à la réussite des opérations, mais aussi sans se jeter dans des dépenses inutiles.
En administrant la chose commune, il administrera la sienne propre.

Les sinistres maritimes dans les compagnies baleinières sont beaucoup moins fréquents que l'on ne le pense généralement. En 1858, les
Américains ne comptèrent que deux naufrages sur 624 navires engagés
dans la pêche du sud. Cette proportion n'est pas toujours aussi favorable sans doute ; mais les pertes des navires n'ont jamais dépassé
1 p. 0/0. Une société constituée comme nous venons de le supposer
devra donc regarder ses navires comme s'assurant réciproquement ;
elle fera ainsi l'économie des primes, c'est-à-dire de 5 à 6 p. 0/0 au
moins par an sur la valeur de son matériel à la mer.

Le mode de procéder des Américains pour le choix des navires, leur
tonnage, les qualités nautiques et de marche qu'exige la pêche de la
baleine, doit être suivi en France ; on devra même comme eux faire
usage des navires à hélice, toujours plus assurés d'atteindre le poisson,
soit dans le calme, soit avec le vent contraire.

Le choix des capitaines, officiers et harponneurs, les avantages qui
doivent leur être offerts, devront appeler l'attention la plus sérieuse des
armateurs français. Sans imiter complétement le système américain
sur la composition des équipages, en ce qui concerne les novices
(*greenhands*), nous pensons qu'il serait possible d'embarquer moitié
marins excercés, moitié jeunes gens inscrits provisoires, âgés de vingt
ans environ, qui dans ces campagnes achèveraient leur noviciat maritime, ils seraient moins exigeants sur la quotité de leurs parts de pêche, et formeraient une excellente pépinière de matelots, et même
d'officiers baleiniers. Les produits de la pêche devront être partagés,
comme à New-Bedford, deux tiers à l'armement, un tiers à l'équipage.

La campagne de pêche des Américains est de 36 à 40 mois ; la loi
française n'exige qu'une navigation minimum de 16 mois pour les baleiniers et 30 mois pour les cachalotiers. Le système américain devrait

être préféré, la raison en est simple. Les traversées d'aller et de retour sont très longues, elles emploient un temps précieux sans aucun profit ; si cette perte est prélevée sur une campagne de 16 ou 30 mois, elle est beaucoup plus sensible que si elle se trouve répartie sur 36 ou 40 mois. La différence de durée de la campagne est tout entière passée dans les parages où se trouve le poisson, et employée aux opérations utiles de la pêche : ce calcul n'a pas besoin d'être prouvé. Les possessions françaises des Marquises, de la Nouvelle-Calédonie, et surtout de Taïti, présenteront à nos baleiniers des points de relâche avantageux, et même dans cette dernière île ils trouveront des moyens très précieux de réparations et de raboub. Là ils devront également faire comme les Américains, expédier, par intermédiaires, les produits de leurs premières opérations de pêche.

Ainsi donc, à notre avis, la pêche de la baleine n'est pas encore complétement perdue pour la France ; elle peut encore se relever et devenir, nous ne disons pas aussi florissante que celle des Américains, mais dans un état relativement prospère. Pour atteindre ce but si désirable, il est indispensable que l'Etat continue à accorder aux armements baleiniers et cachalotiers les encouragements qu'il leur a donnés jusqu'ici. Nous connaissons ses dispositions favorables à cet égard : la loi du 28 juillet 1860 assure l'allocation des primes jusqu'en 1871, et il n'est pas douteux que ce système sera prolongé au delà de ce terme. Mais la loi actuelle contient une disposition qu'il serait urgent de modifier. Elle défend aux navires baleiniers et cachalotiers d'embarquer aucune marchandise : il nous paraîtrait urgent de laisser à ces bâtiments la faculté de prendre à bord quelque objet de troc pour se procurer. dans les lieux de relâche en cours de campagne et avec une immense économie, les vivres et les rafraîchissements nécessaires dans une longue navigation. Ces objets, dont la nature, la qualité et la quantité seraient exactement déterminées et vérifiées, ne pourraient en réalité servir à aucune opération de commerce.

Une Banque devrait être fondée pour venir en aide aux sociétés baleinières en participation, qui trouveraient dans le concours de cette institution des moyens de se constituer. La formation de ces associations devra être encouragée par tous les moyens possibles, parce qu'en réalité c'est par elles que la pêche pourra se développer et se populariser en France.

Mais le moyen le plus efficace de ranimer l'industrie baleinière est la création d'une grande société anonyme, ou en commandite, constituée sur de larges bases, pouvant mettre à la mer un nombre suffisant de navires pour assurer un succès complet, et concourir dans de grandes proportions aux armements en participation.

La restauration de la pêche de la baleine en France serait un immense bienfait pour notre population maritime; elle développerait l'esprit d'entreprise en même temps chez nos marins et chez nos armateurs; elle entraînerait avec elle les capitalistes, encore si timides, et ouvrirait à notre commerce des contrées qu'il ne connaît pas ou qu'il ne connaît plus, parce qu'il a cessé de les fréquenter. Notre pavillon reprendrait sa place sur des mers où il est presque ignoré. Enfin, et ce n'est pas le moindre bien que l'on doit attendre de ce mouvement si désirable, la pêche de la baleine, surtout si l'on composait les équipages comme nous l'avons indiqué, augmenterait le nombre de nos matelots, la marine marchande y puiserait des hommes bien formés et connaissant les mers les plus reculées, notre flotte trouverait un assez grand nombre de marins d'élite, parfaitement aptes au service de la marine militaire et toujours prêts à défendre avec énergie le pavillon français.

Section 2e.

La seconde des grandes pêches maritimes est loin, sans doute, de pouvoir rivaliser avec les pêches anglaise et américaine; mais, malgré les sérieux obstacles qui se sont opposés et s'opposent encore à son entier développement, elle est dans un état relativement prospère.

La pêche de la morue fut, elle aussi, inventée par les Français. Les Basques, en poursuivant les baleines jusque dans les mers du nord, découvrirent les innombrables peuplades de poissons qui, chaque année, descendent pour chercher leur nourriture sur le banc de Terre-Neuve, et sur les côtes septentrionales de l'Amérique et de l'Europe. Ces hardis navigateurs surent tirer parti de cette importante découverte. Les premiers pêcheurs de baleine furent aussi les premiers pêcheurs de morue. La France, propriétaire de l'Acadie, du Canada, du Labrador, des îles du cap Breton et du golfe de Saint-Laurent, de Terre-Neuve enfin, posséda longtemps les pêcheries les plus florissantes du monde. Mais, dépouillée successivement de ces magnifiques domaines, non-seulement elle a cessé de tenir le premier rang, mais encore c'est à peine si elle est placée au troisième. Cependant, grâce à l'intervention puissante de l'État, qui favorise cette précieuse pépinière maritime, en lui accordant des primes considérables, nos pêcheries sont aussi florissantes que le permet l'exiguïté de leur étendue; aussi productives qu'elles le furent jamais, depuis que le traité de Paris (1763) nous a enlevé nos dernières possessions sur le continent américain.

Depuis cette époque néfaste pour notre marine, nous n'avons dans ces parages que trois petits îlots, dont l'étendue est à peine de 21,000 hectares : Saint-Pierre de Terre-Neuve, la grande et la petite Miquelon, aujourd'hui réunies. Saint-Pierre est un rocher granitique hérissé de nombreuses éminences, inabordable de tous les côtés, excepté dans l'espace compris entre le cap à l'Aigle et la pointe à Philibert, où se trouvent la rade et le baraquois ou port. Le sol de la grande Miquelon est de la même nature; à Langlade ou petite Miquelon, on trouve quelques parties susceptibles de culture, où sont établies plusieurs petites fermes.

Les deux îlots sont en quelque sorte transformés en de grandes fabriques de morue sèche, et servent aussi d'entrepôt pour le poisson complétement préparé, qui doit être transporté directement des lieux de pêche dans nos diverses colonies ou dans les pays étrangers.

Le traité de 1783 n'a pas reproduit la stipulation de ceux qui l'avaient précédé, aux termes de laquelle il nous était interdit de fortifier ces comptoirs, et même d'y avoir une troupe de plus de 50 hommes pour le maintien de la police. Le Gouvernement a récemment profité de cette faculté pour faire quelques travaux de défense. Mais, il faut bien le dire, si ces îles peuvent être garanties contre un coup de main, elles ne sauraient être mises en état de se défendre longtemps, parce qu'elles ne produisent rien pour la nourriture de leurs habitants, et que par conséquent il leur serait impossible de résister à un blocus un peu prolongé ; le ravitaillement exigerait des convois d'une très grande force, et par conséquent présenterait de grandes difficultés.

Outre ces petites îles, les traités nous accordent le droit exclusif de pêcher et de sécher la morue sur une partie des côtes de l'île de Terre-Neuve, comprise entre le cap Saint-Jean, sur la rive orientale en remontant vers le Nord, et le cap Raye, sur le littoral occidental. Sur toute cette partie, nos pêcheurs ont, pendant le temps propre à la pêche et nécessaire pour sécher le poisson, le droit d'aborder dans l'île, d'occuper tous les rivages, d'y établir des chauffauds pour la préparation de la morue, et les baraques pour loger les équipages ; enfin de couper à terre les bois nécessaires à ces constructions et à leurs réparations. Mais l'exercice de ce droit est soumis à la condition expresse que ces établissements ne seront pas permanents, et qu'ils seront occupés seulement pendant la saison de pêche. Ces stipulations ont été souvent violées par les Anglais qui habitent l'île de Terre-Neuve. Au mépris du droit exclusif de la France pour la pêche et la sécherie, ils ont très souvent occupé les ports et havres réservés à notre industrie : il en est résulté de fréquentes querelles, qui souvent ont préoccupé les deux gouvernements. En 1857, une convention fut signée entre eux pour mettre fin à toutes les discussions ; elle fut même ratifiée par les deux parties. Mais le parlement de Terre-Neuve refusa de se soumettre aux conditions arrêtées par la métropole, et le ministère anglais ne jugea pas à propos d'assurer l'exécution de cet acte solennel. Ce traité était loin, cependant, d'être onéreux pour les résidents anglais, mais ces hommes ont toujours la pensée qu'ils parviendront un jour à expulser complétement les Français d'une terre qu'ils regardent comme leur propriété, et à rester maîtres absolus de ce qu'ils appellent le *French shore.*

Notre droit de pêche s'étend de plus : 1° dans la demi-largeur du canal qui sépare la partie sud de l'île de Terre-Neuve (partie anglaise) et les îles Saint-Pierre et Miquelon ; 2° dans le golfe Saint-Laurent, à la distance de trois lieues de toutes côtes, soit du continent, soit des îles appartenant à la Grande-Bretagne ; 3° sur les côtes de l'île du cap Breton, hors du golfe Saint-Laurent, mais à la distance de 15 lieues de la terre; 4° sur les côtes de la nouvelle Écosse, et partout ailleurs hors du golfe Saint-Laurent, mais à 30 lieues au large. Nous devons faire observer que ces prétendus droits, surtout les trois derniers, sont complétement illusoires. Il n'est pas besoin, en effet, de permission pour pêcher dans la mer commune, dans la mer libre, c'est-à-dire dans toutes les parties de l'Océan qui ne sont pas territoriales, qui sont hors la portée du canon des côtes. Ces stipulations ont donc beaucoup plus pour but de restreindre l'exercice de nos droits naturels que de nous favoriser, puisque, en vertu de ces droits primordiaux, nous avions le pouvoir de pêche sur toutes les côtes hors de la portée du canon, c'est-à-dire à environ une lieue (3 milles anglais), et par conséquent dans des eaux où le poisson peut être abondant.

Nous faisons encore la pêche de la morue sur le grand banc de Terre-Neuve et sur les banquereaux qui l'avoisinent, ainsi que dans les mers d'Islande. Le poisson est également très abondant sur presque toutes les côtes du nord de l'Europe, et notamment sur celles du nord de l'Écosse, des Orcades, de la Norwège, etc.; mais nos bâtiments ne se rendent que sur les trois points dont nous venons de parler.

Les produits de la pêche de la morue sont : 1° la chair même du poisson ; 2° l'huile tirée du foie et de quelques autres parties ; 3° la rogue (œufs de morue salés), qui sert d'appât pour la pêche de la sardine, et qui devient malheureusement de plus en plus rare en France; 4° et la colle de poisson faite avec les vessies natatoires de la morue, qui est aussi belle que celle fabriquée avec l'esturgeon. Les Français s'occupent peu de ce produit.

La chair de la morue se prépare de deux manières : elle est salée et ensuite séchée avec soin sur le rivage, ou salée simplement et mise en baril. La première manière donne ce que les Anglais et les Américains appellent le *dried-cod*, le poisson sec, qui se conserve facilement et fait l'objet d'un commerce très considérable. On l'exporte dans tous les pays et jusque dans les colonies des Indes orientales. La seconde produit le poisson salé, le seul presque qui soit consommé en France; on l'appelle *morue verte* (green or picked cod). Il est d'une conservation moins facile et s'exporte peu pour les colonies et l'étranger.

Le poisson sec ne peut être préparé qu'à terre. Après avoir été saturé de sel, il est lavé avec soin, étendu à l'air libre et souvent retourné jusqu'à complète dessiccation. C'est sur les rivages de Saint-Pierre, de Miquelon, et surtout sur ceux de Terre-Neuve dont nous avons la jouissance temporaire, que se fait cette opération. Quelques sécheries ont été aussi établies en France. On y prépare en sec une partie du poisson pris dans les mers d'Islande et rapporté après une salaison provisoire, et aussi une faible portion des produits de l'arrière saison de la pêche sur le banc. Cette industrie a peu d'importance.

Les armements à la pêche de la morue sont donc de deux espèces : ceux qui sont destinés à préparer le poisson sec, ou armements avec sécherie, et ceux qui doivent le rapporter en vert, armements avec salaison à bord.

Les premiers sont expédiés à l'île de Terre-Neuve. Les côtes réservées à notre industrie ont été relevées avec un grand soin, car il importait de ne pas laisser improductive la plus petite partie de cette précieuse possession. Elles ont été divisées en havres, et chaque havre en places propres à la pêche et à la préparation du poisson. Tous les cinq ans, ces places sont réparties par la voie du sort entre les navires pêcheurs. Un tirage spécial a lieu chaque année pour les places vacantes ou abandonnées. Le départ des bâtiments a lieu le 1er mars pour ceux qui occupent la côte orientale, et le 20 avril pour la pêche sur la rive occidentale. Arrivé sur les lieux, le navire est mouillé et désarmé, l'équipage prépare la grève, élève le chauffaud (espèce de construction en bois qui sert à la préparation du poisson), et les baraques pour les logements ; ou les répare, si la saison et les Anglais les ont laissés debout. Puis chaque jour les nombreuses chaloupes, dont chaque bâtiment est pourvu, vont à la pêche et rapportent au chauffaud le poisson pris, qui est immédiatement préparé par les hommes restés dans l'établissement. A la fin de la saison, les produits fabriqués sont embarqués, le navire réarmé fait son retour en France ou porte le poisson au lieu de destination. Souvent des bâtiments, spécialement expédiés pour cette mission, viennent pendant la saison de pêche chercher la morue déjà fabriquée, pour la porter soit aux colonies, soit dans les pays étrangers. En quittant sa place de pêche, le navire n'emporte que les objets les plus légers ; il laisse le chauffaud, les cabanes et souvent même ses bateaux de pêche tirés à terre pour les retrouver l'année suivante, si les tempêtes et les Anglais les ont respectés.

A Saint-Pierre et à Miquelon, la préparation de la morue se fait de la même manière, mais la pêche est pratiquée par 350 à 400 bateaux, et 45 ou 50 petites goëlettes appartenant à la colonie. Sur ces îles, les établissements, étant permanents, présentent de grands avantages. Les concessionnaires peuvent se considérer comme de véritables propriétaires tant qu'ils remplissent les conditions mises à la concession. La principale de ces conditions est d'employer la place à sa destination, à la préparation de la morue.

Un assez grand nombre de navires sont expédiés pour la pêche sur le banc de Terre-Neuve, avec sécherie à la côte, on les appelle *armements doubles*. Arrivé à Terre-Neuve, le bâtiment débarque une partie de son équipage sur la place qui lui a été assignée, et, au lieu de désarmer, il reprend la mer et va faire la pêche sur le banc. Il sale provisoirement le poisson pris et le rapporte de temps en temps au chauffaud pour être séché. De leur côté, les hommes laissés à la côte font la pêche avec des chaloupes et préparent le poisson comme les autres pêcheurs de Terre-Neuve. La morue pêchée sur le banc par le navire, vers la fin de la saison, est salée en vert ou salée provisoirement pour être livrée aux sécheries de France.

Les bâtiments expédiés à la pêche du banc avec salaison à bord, et ceux qui opèrent dans les mers d'Islande, préparent le poisson en vert ou le salent provisoirement et le rapportent dans les sécheries françaises.

D'après ce rapide exposé, il est facile d'apercevoir les immenses désavantages qui pèsent sur la pêche française : 1° éloignement des lieux où se rencontre le poisson : la traversée moyenne de nos ports à Terre-Neuve est d'un mois, elle exige par conséquent des armements beaucoup plus coûteux, et entraîne une perte de temps de deux mois sur la saison de pêche ; 2° impossibilité de construire des établissements fixes, et même de faire garder pendant l'hiver les chauffauds et leurs dépendances, les bateaux, sels, huiles, etc., etc., et par conséquent nécessité de supporter chaque année les avaries que la saison, et trop souvent les voisins, font subir à ces établissements, construits fort légèrement et en bois ; 3° difficulté de se procurer le *lançon* et le *capelan*, appâts indispensables pour la pêche, ou nécessité de les acheter à un prix exorbitant aux pêcheurs anglais ; 4° impossibilité de faire sécher parfaitement le poisson de la dernière partie de la saison, et par conséquent nécessité de l'embarquer avant sa parfaite confection. Ces désavantages étaient sans doute de nature à mettre notre industrie hors d'état de lutter contre les deux peuples rivaux, les Anglais et les Américains, et par conséquent à la ruiner complétement, si elle n'avait été efficacement soutenue par l'État lui-même.

Les Anglais font la pêche de la morue sur leur propre territoire ; ils la font comme petite pêche, c'est-à-dire avec de légers bateaux, montés de deux ou quatre hommes, et dont l'armement entraîne très peu de frais. Dès que la banquise est détachée, ces barques sortent chaque jour et rapportent les produits dans des établissements construits avec le soin que permet de leur donner la permanence, et dont l'entretien est à peu près nul. Pour eux aucun jour de pêche n'est perdu, et ils sont toujours à l'abri des gros temps dans leurs ports. Les femmes, les enfants, les vieillards, peuvent faire très économiquement la plus grande partie des opérations du séchage du poisson. Ils ont toujours le temps nécessaire pour donner une préparation complète, même aux produits de la dernière saison. Enfin ils peuvent se procurer abondamment le lançon et le capelan, très abondants dans les mers réservées. A ces avantages directs les pêcheurs anglais en joignent d'autres très importants. Lorsque la pêche de la morue est close, ils trouvent une occupation lucrative dans la pêche du hareng et la chasse des veaux marins, si nombreux en hiver sur leurs côtes, et qui donnent en huile et en peaux des produits très recherchés dans le commerce. Depuis 1822, l'Angleterre n'accorde plus, il est vrai, de primes directes aux pêcheurs de morue ; mais, en fait, elle leur donne un encouragement très important, en accordant 8 0/0 de la valeur à toutes les constructions navales faites au Canada, au Labrador et à l'île du prince Edouard. C'est la pêche qui, en réalité, profite de ces primes par le bas prix des constructions.

Les Américains des ports du nord des États-Unis, qui surtout se livrent à la pêche de la morue, n'ont pas tous les avantages dont jouissent les Anglais. Cependant ils sont encore beaucoup plus favorisés que les Français. Peu éloignés des lieux de pêche, ils arment des embarcations légères, dont les frais sont par conséquent peu considérables, les envoient sur les lieux de pêche, où elles salent provisoirement le poisson, et le rapportent au port d'armement pour être séché dans des établissements permanents. Les opérations de fabrication, confiées aux femmes et aux enfants, sont très peu coûteuses. Ces petits bateaux font chaque année plusieurs voyages de pêche pendant la saison. Ils ont aussi la faculté de prendre partout où ils les trouvent le lançon et le capelan. Les armements américains ont beaucoup d'analogie avec ceux qui sont faits à Saint-Pierre et à Miquelon. Il est à remarquer que beaucoup de bateaux américains n'ont à bord que deux ou trois marins; le reste de l'équipage et les pêcheurs sont des ouvriers, ou même des cultivateurs qui retournent à leurs travaux dès que la saison de pêche est terminée, ou lorsque ces travaux exigent leur présence. Il arrive souvent que des individus de cette nature se réunissent pour acheter un bateau et faire la pêche pour leur compte. Ils forment ainsi une sorte de société en participation, élisent parmi eux un patron, et naviguent seuls en suivant les côtes.

Les désavantages de la position des Français à Terre-Neuve pouvaient, devraient même amener la perte complète de la pêche de la morue. Pour la France, c'était l'anéantissement de l'une des sources les plus fécondes de la force navale. En effet, comme nous l'avons déjà dit, cette pêche emploie annuellement près de 500 navires montés par 15,000 hommes d'équipage, et de plus environ 100 navires long-courriers, expédiés sur les lieux de pêche pour lever le poisson et le porter soit aux colonies françaises, soit dans les pays étrangers. Sur ces 15,000 hommes se trouvent au moins 1,500 mousses ou novices, et un nombre à peu près égal de jeunes gens au-dessous de vingt ans, inscrits provisoires, et qui se destinent à la carrière maritime. La perte de cette importante industrie serait une grande calamité pour la France. La prospérité de notre marine commerciale serait compromise, et notre force navale ne pourrait remplacer cette source de marins tout formés.

C'est pour prévenir ce funeste résultat que le Gouvernement accorde à la pêche de la morue des encouragements assez importants. Ils consistent en primes allouées soit à l'armement lui-même, soit aux produits de la pêche.

D'après la loi du 28 juillet 1860, les primes à l'armement sont fixées, jusqu'au 1er juillet 1871, de la manière suivante :

1° 50 fr. par homme d'équipage pour la pêche avec sécherie, soit à la côte de Terre-Neuve, soit à Saint-Pierre et Miquelon, soit sur le grand banc de Terre-Neuve ;

2° 50 fr. par homme d'équipage pour la pêche sans sécherie dans les mers d'Islande ;

3° 30 fr. par homme d'équipage pour la pêche sans sécherie sur le grand banc de Terre-Neuve ;

4° 15 fr. par homme d'équipage pour la pêche au Dogger-Bank. (Cette pêche est presque complétement abandonnée par les Français.)

Les primes sur les produits sont fixées, pour le même temps, de la manière suivante :

1° 20 fr. par quintal métrique pour les morues sèches de pêche française, expédiées soit directement des lieux de pêche, soit des entrepôts de France, à destination des colonies françaises de l'Amérique, de l'Inde, ainsi qu'aux établissements français de la côte occidentale d'Afrique et des autres pays transatlantiques, pourvu qu'elles soient importées dans les ports où il existe un consul français ;

2° 16 fr. par quintal métrique pour les morues sèches de pêche française, expédiées soit directement des lieux de pêche, soit des ports de France, à destination des pays européens et des États étrangers sur les côtes de la Méditerranée, moins la Sardaigne et l'Algérie ;

3° 16 fr. par quintal métrique pour l'importation aux colonies françaises de l'Amérique ou de l'Inde, et autres pays transatlantiques, des morues sèches de pêche française, lorsque ces morues seront exportées des ports de France sans y avoir été entreposées ;

4° 12 fr. par quintal métrique pour les morues sèches de pêche française, expédiées soit directement des lieux de pêche, soit des ports de France, à destination de la Sardaigne et de l'Algérie ;

5° 20 fr. par quintal métrique de rogues de morue que les navires pêcheurs rapportent en France du produit de leur pêche.

Pour diminuer autant que possible les frais d'armement, la loi spéciale permet en outre 1° que les navires de pêche expédiés à Terre-Neuve soient commandés par des maîtres au cabotage, 2° et que ceux qui font la pêche dans la mer d'Islande soient confiés à un simple marin ayant fait cinq campagnes de pêche au moins, et justifié de connaissances nécessaires pour la sécurité de la navigation.

En compensation de ces avantages, réellement très considérables, l'État impose aux armateurs à la pêche de la morue quelques obligations, qui ont pour but unique de faire servir cette navigation à l'entretien et à la formation des hommes de mer, c'est-à-dire d'atteindre le résultat que le Gouvernement s'est proposé en soutenant cette industrie par de si grands sacrifices. La principale de ces conditions est celle du minimum d'équipage exigé des bâtiments pêcheurs.

Le décret du 29 décembre 1851 le fixe de la manière suivante pour les bâtiments expédiés à la pêche avec sécherie, soit à Terre-Neuve, soit à Saint-Pierre et Miquelon : 50 hommes pour le navire de 158 tonneaux et au-dessus, 30 hommes pour celui qui jauge de 100 à 158 tonneaux, et 20 hommes au moins au-dessous de 100 tonneaux. Pour la pêche avec sécherie sur le grand banc, le minimum est de 50 hommes pour les navires de 158 tonneaux et au-dessus, et de 30 hommes pour ceux qui jaugent moins de 158 tonneaux. C'est absolument le même que pour les armements à la côte, sauf que les banquiers avec sécherie n'ont pas la troisième classe, et qu'ils doivent avoir un minimum de 30 hommes, même sur un navire de moins de 100 tonneaux, s'il en existe.

Le système des encouragements, qui, comme nous l'avons vu, a complétement échoué pour la pêche de la baleine, a, au contraire, très bien réussi pour celle de la morue. Les résultats nous sont déjà connus ; ils sont réellement remarquables. Pendant la période décennale qui vient de s'écouler, les primes payées se sont élevées en moyenne à une somme annuelle de 3,674,148 fr. Cette somme, divisée par la moyenne des hommes embarqués, fait ressortir une dépense d'un peu moins de 300 fr. par homme. En 1858, les primes payées se sont élevées à 4,312,137 fr. pour 15,000 hommes embarqués, soit une moyenne de 287 fr. par homme. L'État paye ainsi l'éducation et l'entretien des marins qu'il serait forcé de garder au service ou de perdre complétement, s'il n'avait pas la ressource que lui offre la pêche. Il faut remarquer d'ailleurs que les sommes payées à titre de primes sont plutôt avancées que dépensées. Notre personnel maritime, augmenté par l'action des pêches, donne une plus grande activité à notre navigation commerciale ; il tend, par son développement, à rendre cette navigation moins coûteuse, et par conséquent plus productive ; enfin, le mouvement du commerce spécial créé pour la pêche de la morue fait rentrer, sous forme de droits, une grande partie et peut-être même la totalité des sommes payées pour les primes de pêche, ou plutôt pour l'éducation des marins indispensables, en cas de guerre, pour la défense du pays.

Les États-Unis eux-mêmes accordent des primes à la pêche de la morue. Bien que placée, ainsi que nous l'avons dit, dans des conditions beaucoup plus favorables que la nôtre, la pêche américaine ne pourrait soutenir la concurrence des Anglais, dont la situation sur les lieux de pêche est si avantageuse. Le système des encouragements en Amérique fut créé en 1799, puis réorganisé en 1819. Toujours attaqué, il a toujours triomphé de ses adversaires. En 1858, les États-Unis ont payé 3,247,846 fr. à 1,935 bâtiments, montés par 13,345 hommes. Ces bâtiments, ainsi que nous l'avons dit, sont ordinairement très petits, souvent ce sont de fortes barques ; c'est ce qui explique leur grand nombre et celui relativement assez restreint des hommes embarqués : ce dernier est de 1,167 inférieur à celui des équipages des 499 navires français. Ainsi, compensation faite du nombre d'hommes employés à la pêche de part et d'autre, la somme dépensée par les Américains pour la pêche de 1858 n'est inférieure que de 723,151 fr. à celle que nous avons consacrée à ce même usage. Et cependant les deux pays sont placés dans des conditions tellement inégales pour l'exploitation de la pêche qu'il y a lieu de s'étonner que l'excédant des dépenses pour la France ne soit pas beaucoup plus considérable.

La pêche de la morue est donc dans un état aussi prospère que peut le permettre notre position précaire sur les lieux où elle s'exerce. Nous devons même constater que, depuis quelques années, nos pêcheurs ont fait de grands progrès dans l'art de préparer le poisson. Ces progrès, qui, sans aucun doute, continueront encore, sont tels que, malgré l'infériorité de notre position à l'égard des États-Unis, la morue française entre pour une quantité sans cesse croissante dans la consommation des États de l'Union. Seulement, il faut remarquer que, nos produits de pêche étant limités, et ayant jusqu'à présent trouvé leur entier placement sur divers points, et notamment dans les Antilles, ce nouveau débouché ne peut être satisfait qu'en nuisant à l'approvisionnement de nos colonies. Pour obvier à cet inconvénient très grave, car dans nos possessions la morue forme la base de l'alimentation de la population nègre, la loi du 28 juillet 1860 a réduit de 7 fr. à 3 fr. le droit qui frappait la morue de pêche étrangère. Déjà deux fois, depuis très peu de temps, le gouverneur de la Guadeloupe avait été forcé, pour prévenir une véritable disette, de suspendre complétement ce droit, et d'admettre le poisson américain en franchise. Ainsi, d'un côté, les produits de notre pêche trouvent leur placement dans la consommation des États-Unis, et de l'autre la morue de la pêche des États-Unis entre pour partie dans l'alimentation de nos colonies.

Les sacrifices faits par l'État donnent donc tous les fruits qu'ils peuvent porter ; notre pêche de la morue est aussi prospère qu'elle le peut être dans la position restreinte où elle est placée. Mais quelle est cette prospérité, si on la compare à celle des pêcheries anglaises et même de celles des Américains? Nous sommes loin d'égaler même les Norwégiens et les Hollandais ! Existe-t-il quelques moyens de développer et de pousser à un plus haut point de prospérité une industrie si fructueuse pour le pays, si indispensable à la force et à la grandeur de la France ?

Le moyen le plus simple, le plus naturel, serait d'améliorer notre position sur les lieux où se trouve la morue. Mais la part si exiguë que nous possédons dans ces parages nous a été faite par des actes solennels, par des traités internationaux ; elle ne peut être agrandie, améliorée, que par des actes de la même nature, de la même force. Il n'y a pas lieu d'espérer que l'Angleterre, qui déjà voit d'un œil si jaloux la prospérité relative de nos pêches, qui déjà exagère si fortement cette prospérité (1), consente jamais à nous accorder une partie, même restreinte, des magnifiques domaines qu'elle nous a jadis enlevés. Il est donc nécessaire de chercher d'autres parages qui, comme Terre-Neuve et ses environs, présentent cette manne céleste que la Providence envoie chaque année à l'homme, au milieu des flots de l'Océan.

Ces parages, nous pensons qu'ils existent ; ils sont même signalés. Un autre avant nous les avait indiqués (2) ; nous-même avons déjà demandé que des essais fussent tentés (3). Nous pensons devoir entrer ici dans quelques développements.

Dès le quinzième siècle, les Espagnols et les Portugais avaient fondé, sur les côtes occidentales d'Afrique et aux îles Canaries, des pêcheries qui étaient très florissantes. La preuve de ce fait se trouve dans toutes les chroniques, dans toutes les histoires de ces temps déjà reculés. Le château d'Aguer ou Agadir fut bâti par le roi Don Emmanuel pour protéger les pêcheurs portugais, en 1518. Cette pêche, vraiment remarquable, est aujourd'hui presque complétement abandonnée. Les habitants des Canaries seuls ont continué à l'exploiter ; ils en tirent encore 75,000 quintaux de poisson, qu'ils préparent en vert seulement. Comment une mine aussi féconde a-t-elle pu être abandonnée par les deux nations qui l'avaient découverte ? Il est difficile de répondre à cette question d'une manière absolue. Cependant on peut penser que les vastes établissements fondés par les Espagnols sur le continent nouvellement découvert d'une part, et de l'autre l'ouverture de la nouvelle route des Indes, et les immenses développements du commerce portugais dans ces riches contrées, ont dû puissamment contribuer à faire abandonner par les deux nations les pêcheries de la côte occidentale d'Afrique.

Ce que l'on peut affirmer, c'est que le poisson n'a pas cessé d'habiter

(1) Dans la Chambre des communes (séances des 20 mars 1859, 16 mars et 11 mai 1860) et dans la Chambre des lords (séance du 4 mai 1860), l'effectif des équipages français employés à la pêche de la morue a été représenté comme s'élevant à 30,000 ou 40,000 hommes.

(2) M. Sabin Berthelot, *De la pêche sur la côte occidentale d'Afrique et des établissements les plus utiles aux progrès de cette industrie*, ouvrage publié sous les auspices de MM. les ministres de la marine et du commerce. Paris, 1840.

(3) *Code de la pêche maritime*, Introduction, pages 54 et suiv.

en innombrables bandes ces côtes aujourd'hui délaissées par les pêcheurs ; c'est que les établissements de pêcheries seraient encore aujourd'hui aussi florissants dans ces parages que dans les mers du nord de l'Amérique et de l'Europe. On peut en donner la preuve : la pêche faite par les Canariens est vraiment miraculeuse, si on la compare même à celle de Terre-Neuve. Ainsi, cette quantité de 7,500 tonnes de poisson est le produit d'une pêche faite par 30 ou 40 barques de 25 à 50 tonneaux, montées de 700 à 800 hommes ; ce qui donne pour chaque bateau, faisant huit ou neuf voyages du cap Bajador au cap Blanc, près de 200 tonnes, et pour chaque homme 10 tonnes de poisson par saison de pêche. Quels parages peuvent être plus fertiles?

Cette immense abondance de poissons ne se trouve pas seulement sur quelques points privilégiés de la côte : elle existe depuis le cap Spartel jusqu'au delà des îles Bissagos, sur une étendue de plus de 500 lieues (du 34ᵉ jusqu'au 10ᵉ degré de latitude septentrionale). La plupart des espèces qu'elle renferme sont éminemment susceptibles d'être salées et séchées, et leur qualité est non-seulement égale, mais supérieure à celle de la morue. Nous citerons seulement les principales.

Le Mulle, poisson qui atteint souvent le poids de 3 à 4 kil., et dont la chair est très estimée.— Les diverses variétés de *Sciènes*, dont quelques-unes pèsent jusqu'à 12 ou 15 kil., et qui se trouvent par bandes innombrables sur le banc d'Arguin et dans les eaux de la baie d'Yof. — *Le Sama*, qui fréquente les plages de sable, et qui pèse rarement moins de 10 kil.— *Les Sparoïdes*, si nombreuses, et que les Canariens conservent parfaitement avec une préparation très incomplète. — *Les Scombres*, et notamment celui désigné sous le nom de *Pélamide* (*Scomber Pelamys*).— *L'Escobar*, dont la chair, aussi savoureuse que celle du saumon, peut subir toutes les préparations auxquelles on soumet ce dernier poisson, c'est-à-dire la salaison, la dessiccation à l'air et à la fumée. Ce poisson est souvent très grand et pèse jusqu'à 25 kil. — *La Pescada* (*Asellus Canariensis*) et *l'Abadejo* (*Phycis limbatus*); ces deux espèces, que l'on nomme aussi *Morues des Canaries*, supportent parfaitement toute espèce de préparation, et sont susceptibles de se conserver très longtemps. M. l'amiral Roussin, dans la campagne hydrographique qu'il fit en 1817 et 1818 sur la côte occidentale d'Afrique sur la *Bayadère*, put apprécier la qualité supérieure de ces poissons. Préparés de la même manière que la morue, ils se sont parfaitement conservés pendant une campagne de vingt mois, et ce qui restait au retour de l'expédition à Brest était encore en très bon état (1). Ces deux espèces atteignent de grandes dimensions ; leur chair est ferme, blanche et de bon goût. Elles sont très abondantes sur toute la côte, et forment la partie principale des cargaisons rapportées par les brigantins des îles. Un marin anglais, George Glas, envoyé en reconnaissance sur ces côtes en 1764, affirmait que la morue des Canaries était supérieure à celle de Terre-Neuve, et s'étonnait que les Espagnols s'obstinassent à vouloir partager avec les Anglais la pêche de la morue, quans ils en avaient une bien supérieure à leur porte (2). — Nous ne pousserons pas plus loin cette énumération ; elle suffit pour établir que les mers d'Afrique présentent, sous le rapport de la quantité et de la qualité du poisson, toutes les chances de succès que l'on peut désirer aux pêcheurs, quelque nombreux qu'ils soient, qui voudront exploiter cette mine inépuisable.

Mais l'abondance du poisson n'est pas la seule condition nécessaire à la réussite des pêcheries. Il faut de plus que le climat soit favorable aux hommes et aussi de nature à favoriser la préparation du poisson ; il est bon et utile de trouver à portée des lieux de pêche des moyens de se procurer le sel avec le moins de frais possible ; il est indispensable de pouvoir descendre à terre et former des établissements ; enfin, il faut trouver les débouchés pour les produits de la pêche. Nous ne craignons pas d'affirmer que les côtes occidentales d'Afrique, dans la partie où nous proposons la formation des établissements de pêche, réunissent toutes ces conditions à un degré beaucoup plus complet que Terre-Neuve elle-même.

Le climat de l'Afrique occidentale est généralement considéré comme très malsain, très dangereux même, pour les Européens. Nous reconnaissons la vérité de ce fait, nous en avons fait une malheureuse expérience ; mais il ne faut pas confondre dans le même anathème une

(1) Thomassy, *Histoire des pêcheries dans les deux mondes.* (*Revue contemporaine*, numéro du 30 septembre 1852.)
(2) Thomassy, ouvrage cité ci-dessus.

côte de plus de 1,200 lieues, il faut distinguer les différentes parties
de cette vaste étendue. La côte occidentale est malsaine, mais seulement
au sud de la Gambie. Dans l'intérieur, les rives du Sénégal même
sont insalubres, parce que ce grand cours d'eau déborde chaque année, comme le Nil, et que les eaux, n'ayant aucun écoulement, se
corrompent et empestent l'air. Mais nous ne proposons pas de former
des établissements au sud de la Gambie, et il ne peut être question ici
des rives du Sénégal ni d'aucun autre fleuve. La côte d'Afrique, depuis le cap Spartel jusqu'à la rive septentrionale de la Gambie, est
très saine ; pendant huit mois de l'année elle est rafraîchie par les
vents alisés, dont le souffle rend la chaleur très supportable pour les
Européens. Sur cette partie, même vers son extrémité sud, nous citerons des points qui ont toujours été regardés comme si favorables à la
santé que l'on y envoyait les convalescents pour s'y rétablir : tels
sont l'île de Gorée, le cap Rouge, les îles de la Madeleine, etc., etc.
Nous pouvons donc affirmer que le climat est sain, et ne saurait com-
promettre la santé des équipages.

Considéré au point de vue de la pêche, il présente d'immenses
avantages. Les brises sont régulières et parfaitement sèches ; excepté
pendant l'hivernage, qui dure trois à quatre mois au plus, le ciel est
toujours pur et sans nuages. La dessiccation du poisson sera aussi complète que rapide, et par conséquent présentera de très grands avantages. Il suffira de l'exposer à l'action de l'air, sous de légers hangars
ouverts de tous côtés, mais couverts pour le mettre à l'abri du soleil,
qui le noircirait et ferait ce que l'on appelle à Terre-Neuve du poisson
brûlé, et aussi des rosées abondantes qui retarderaient sa confection.
Avec cette simple précaution, la fabrication des poissons de la plus
grande taille ne durera jamais plus de huit jours. Nous pouvons donc
dire avec M. Thomassy que, « par une heureuse combinaison de cir-
« constances atmosphériques, le climat de cette côte est singulièrement
« favorable à la pêche, ainsi qu'à la conservation de ses produits. »

La facilité de l'approvisionnement des sels est une question très importante en matière de pêche. Les Français qui se rendent à Terre-
Neuve emploient le sel français, et surtout le sel de Sétubal en Portugal, connu sous le nom de Saint-Ubes. Ce dernier est le plus souvent

apporté par des navires spéciaux dans les ports d'armement pour la pêche ; quelquefois le bâtiment pêcheur se rend lui-même sur les côtes du Portugal pour y prendre sa provision. Dans le premier cas, le sel se trouve grevé des frais de transport; dans le second, le navire pêcheur est forcé de se détourner de sa route, puisque nos ports de la Méditerranée font peu ou point d'armements de cette nature. Les pêcheurs qui exploiteraient la côte d'Afrique éviteraient en même temps ces deux inconvénients, ou plutôt ces deux causes de dépenses. Ils pourraient se servir des sels français, et, s'ils préféraient celui de Saint-Ubes, ils le prendraient sur les lieux de production sans un dérangement aussi considérable, puisque ces lieux se trouvent, au moins pour ceux qui viendraient des côtes de la Manche et de l'Océan, sur la route du théâtre de la pêche ; mais ce qui est surtout avantageux, c'est qu'ils pourraient trouver le sel sur les lieux mêmes de la pêche.

L'île de Lancerotte, l'une des Canaries, contient des salines très riches, et susceptibles de fournir en abondance à nos pêcheurs cet élément indispensable de leur industrie. L'Espagne a, depuis plusieurs années, proclamé la liberté des ports de cet archipel : rien ne peut donc s'opposer à un trafic avantageux aux deux parties. Sur la côte ferme, le cap Salines, situé entre le cap Blanc et l'île d'Arguin, tire son nom des mines de sel gemme qui, mal exploitées jusqu'ici, donnent cependant d'abondants produits ; ces salines sont susceptibles de fournir à nos pêcheurs, et à très bas prix, tout le sel dont ils peuvent avoir besoin. Ces produits doivent être de bonne qualité, puisque les pêcheurs canariens les emploient pour saler leurs poissons.

Plus au sud et sur la rive méridionale de l'embouchure du Sénégal se trouvent les salines de Gandiole, dont les produits sont bien connus par leur excellente qualité, et qu'une exploitation intelligente développerait facilement, en proportion des débouchés qui s'ouvriraient. Enfin, si toutes ces sources étaient insuffisantes, l'île de Sel, l'une des îles du cap Vert, offrirait, à très peu de distance de la route même du poisson, ses salines inépuisables.

Ainsi donc, la pêche sur la côte occidentale d'Afrique pourrait trouver le sel sur les lieux mêmes. Et nous ferons observer que deux des sources d'approvisionnement que nous venons de signaler, le cap Salin et Gandiole, sont sur le territoire français, et que par conséquent la traite du sel ne pourrait jamais être entravée. Il est d'ailleurs très probable que le sel de ces diverses origines serait vendu à nos pêcheurs à un prix très peu élevé.

La préparation du poisson sec exige impérieusement des établissements à terre. La côte occidentale d'Afrique nous offre toutes les facilités désirables pour fonder des sécheries et leur donner une complète permanence. Depuis le cap Spartel jusqu'au cap Blanc, elle est possédée, nominalement au moins, par le Maroc ; en réalité, la plus grande partie est habitée par des peuplades absolument indépendantes. La domination de la France s'étend depuis le cap Blanc jusqu'à la rive droite de la Gambie. Il n'y a aucun doute que le Gouvernement français obtiendrait de l'empereur du Maroc l'autorisation d'établir ses pêcheurs sur quelques points de cette côte, et que les tribus indigènes et indépendantes seraient très portées à bien accueillir les Européens ; s'il en était autrement, il serait facile de les contraindre à nous recevoir. Il est très probable que le Gouvernement espagnol ne refuserait pas à des pêcheurs français la permission de s'établir sur certaines plages des Canaries, ou sur les îlots inhabités de cet archipel. Mais notre avis n'est pas de chercher à nous installer sur un territoire étranger. C'est sur le sol français que nous devons nous fixer. Là aucun souverain ne peut contester notre droit, aucune nation ne peut prendre ombrage de nos actions, nous sommes les maîtres. Ainsi que nous l'expliquerons plus tard, la côte française de l'Afrique occidentale nous offre toutes les facilités désirables pour établir les sécheries les plus vastes, les plus commodes et les plus sûres.

Les établissements fondés dans la partie française, c'est de ceux-ci surtout que nous nous occupons, seront admirablement bien placés pour l'écoulement de leurs produits. Nous ne parlerons pas de la consommation des populations indigènes : les nègres de la côte font sécher parfaitement quelques poissons qui cependant sont très recherchés par les habitants de l'intérieur ; à Portendic et à Arguin, on pourrait échanger quelques quintaux des produits de pêche contre des plumes d'autruches, du morfil et de la poudre d'or. C'est un marché qui n'est pas à dédaigner ; il pourra devenir très important, mais il faut l'ouvrir, le créer, et nous ne voulons parler que de ce qui existe.

Placées entre le tropique du Cancer et l'Équateur, nos possessions africaines sur l'Atlantique sont à peu de distance du bassin de la Méditerranée : 480 lieues à peine séparent l'embouchure du Sénégal du détroit de Gibraltar ; c'est une distance beaucoup moindre que celle du Havre au même détroit, et surtout que celle de Terre-Neuve. Arrivés à Cette ou à Marseille, les produits de la pêche africaine pourront se répandre chez tous les peuples du littoral de cette mer. Ils iront faire concurrence au poisson anglais à Gênes, à Livourne, à Civita-Vecchia, et on ne pourra pas dire, comme on le fait pour notre morue, qu'il est trop humide et ne peut convenir à la consommation des pays chauds. L'Italie méridionale, la Sicile surtout, nous ouvriront leurs marchés, et formeront pour nous d'importants débouchés.

De la côte occidentale au golfe du Mexique la distance est plus grande, il est vrai, que de Terre-Neuve au même point, mais c'est une navigation facile et rapide. Nous pourrons donc compléter l'approvisionnement de nos Antilles, auxquelles la pêche de Terre-Neuve ne suffit pas toujours ; entrer sur le marché si important de Cuba et des autres îles espagnoles ; nous étendre sur le continent américain, et pénétrer encore, et plus avant, dans les États-Unis, le marché le plus grand du monde. Déjà notre morue du nord y fait concurrence à celle même des Américains. Le poisson de la côte occidentale, par sa variété même, devra trouver dans tous les pays, mais surtout aux États-Unis du sud, un débouché très considérable. Ce sera toujours du poisson salé ou séché, mais ce ne sera plus toujours de la morue. D'ailleurs, le placement sera encore considérablement favorisé par la saison même de la pêche. Le 15 novembre, on tire à Gorée un coup de canon pour annoncer la fin de l'hivernage ; c'est à ce moment que commencera la pêche ; elle se prolongera jusqu'au mois d'août, ayant une durée de huit mois au moins. Les premiers produits arriveront sur les marchés des Antilles et d'Amérique, comme sur ceux de la Méditerranée, aux mois de février et mars, et continueront à se présenter pendant les mois suivants, c'est-à-dire au moment où la morue du nord commence déjà à vieillir, et par conséquent à perdre sa qualité.

Les nouvelles pêcheries se trouveront également très favorablement placées pour approvisionner les colonies européennes de la côte orientale d'Afrique et de l'Inde. Elles auront encore un avantage très marqué pour placer leurs produits sur les côtes orientales de l'Amérique du sud.

Ainsi donc, la pêche sur la côte africaine présente au plus haut degré toutes les conditions de succès, l'abondance et la qualité du poisson, le climat le plus favorable pour la dessiccation et la préparation des produits, la facilité de former à terre des établissements permanents, et de trouver à peu de frais l'approvisionnement du sel nécessaire à ses opérations ; enfin, le placement assuré du poisson, en quelque quantité qu'elle puisse le fournir.

Il nous reste à déterminer quels sont les points qui, dans notre opinion, doivent être choisis, sur cette grande étendue de côte, pour établir les pêcheries permanentes, ou plutôt les ateliers de sécherie, de préparation et de conservation.

On a parlé de concessions faciles à obtenir du souverain ou des peuplades du Maroc ; de permissions que l'Espagne ne refuserait pas, pour établir des sécheries aux îles Canaries. Sans doute, comme moyen d'influence politique sur l'empire marocain, et aussi pour fonder notre domination sur cette partie de la côte, le premier moyen peut présenter de grands avantages, puisqu'il porte immédiatement sur ce point un nombre considérable d'hommes aguerris et dévoués ; mais nous voulons envisager cette question sous le point de vue unique de la pêche : en conséquence nous repoussons les deux propositions. Ce qui nous parait surtout essentiel, c'est d'établir les nouvelles pêcheries sur un sol français, où nos marins puissent s'établir d'une manière permanente et sans avoir à craindre le mauvais vouloir d'autorités étrangères.

Les possessions françaises sur la côte occidentale d'Afrique s'étendent depuis et y compris le cap Blanc jusqu'à la rive droite de la Gambie, c'est-à-dire du 21ᵉ au 13ᵉ degré de latitude septentrionale, sur une longueur directe de 160 lieues marines. Aux termes d'un traité du 7 mars 1857, l'Angleterre a renoncé au droit qu'elle prétendait avoir de commercer concurremment avec nous à Arguin et à Portendic : la cession de notre comptoir d'Albreda, sur la rive droite de la Gambie, et de nos droits sur ce fleuve, a été le prix de cette prétendue concession. Nous sommes donc, à l'égard des Européens du moins, propriétaires absolus de cette partie du littoral africain. Il est reconnu que le poisson se porte toujours de préférence dans les parages où le mouvement des eaux est le plus rapide et le plus constant : c'est pour cette raison sans doute que le banc d'Arguin, la côte du grand Sahara, l'embouchure du Sénégal, la baie d'Yof et celle de Gorée, sont les plus poissonneuses de toute la côte ; c'est là que l'on rencontre surtout ces masses compactes de poissons voyageurs qui, suivant les courants, ou plutôt luttant sans cesse contre eux, remontent au nord pendant 5 ou 6 mois, pour redescendre au sud pendant le reste de l'année. Ainsi que nous l'avons dit, cette partie comprend le cap Salines au nord et les salines de Gandiole au centre.

La côte depuis le cap Blanc jusqu'à l'embouchure du Sénégal borde le grand Sahara ; elle est presque déserte et fréquentée seulement par les peuplades nomades du désert. Le cap Blanc, Arguin et Portendic, font cependant une exception ; il s'y trouve des marchés qui dans certaines saisons sont fréquentés par les Maures. A partir de la rive gauche du Sénégal (au sud) jusqu'au cap Vert, la baie d'Yof baigne un pays dont l'aridité n'est qu'apparente : car au delà des dunes qui bordent l'Océan, et dont l'épaisseur est peu considérable, le pays est fertile et habité par les nègres Yolofs, aujourd'hui sujets ou du moins alliés très soumis de la France. Du cap Vert à l'embouchure de la Gambie, le rivage est beaucoup plus accidenté ; le pays est fertile et habité par des peuplades nègres qui dépendaient autrefois du Cayor, mais qui depuis longtemps sont indépendantes et avec lesquelles la France a toujours eu des relations de commerce et d'amitié. Dans cette partie et très près du cap Vert se trouve l'île de Gorée, le second des établissements français dans ce pays. Longtemps nous avons possédé au sud de Gorée, entre cette île et la Gambie, les comptoirs de Rufisque, de Joal et de Portudal. Ils sont, nous croyons, abandonnés.

C'est cette magnifique étendue de côtes, dont la richesse ichthyologique est immense, que nous pensons devoir proposer pour devenir le siège des pêcheries françaises en Afrique. Trois points nous paraissent surtout devoir appeler l'attention du Gouvernement pour y fonder les pre-

miers établissements, qui ensuite pourront se développer suivant les besoins de la pêche.

La première station serait celle du cap Blanc, ou plutôt d'Arguin, près de ce cap. Longtemps les Français ont eu un comptoir permanent et même un petit fort sur l'île d'Arguin : le commerce y a été très florissant ; abandonné pendant les guerres de la révolution, il n'a jamais été relevé depuis que nos possessions africaines nous ont été restituées. Les salines voisines fourniraient à très bas prix le sel nécessaire à la préparation du poisson. Les sécheries seraient établies sur la côte de terre ferme, à l'abri du cap et de l'île, qui préservent cette partie du ressac et facilitent l'accès des bâtiments et des embarcations. A peu de distance au sud se trouvent l'ancien comptoir de Portendic et la rivière de Saint-Jean ; ces deux points seraient appelés à devenir plus tard des stations importantes pour la pêche.

Un autre établissement serait fondé à l'extrémité sud de la baie d'Yof, sous le cap Vert, qui l'abriterait au sud, et les îles de la Madeleine le couvriraient à l'ouest. Cette pêcherie, à deux ou trois lieues seulement de l'île de Gorée, présenterait un havre facilement abordable pour les navires de 300 à 400 tonneaux, dans lequel un grand nombre de bâtiments pourraient trouver un refuge contre la tempête et même contre l'ennemi, parce qu'il serait facile d'en défendre l'entrée. Les salines de Gandiole, à l'embouchure du Sénégal, ne sont éloignées que de 20 ou 25 lieues de ce point ; elles pourraient fournir le sel aux pêcheurs.

A très peu de distance au sud, sous le cap de Ndacar, qui est une branche du cap Vert, et dans la baie même de Gorée, un troisième établissement serait très bien placé. Il pourrait étendre ses sécheries au sud du cap Rouge, sur la baie de l'Aiguade, qui tire son nom des puits dont l'eau alimente Gorée ; ces dépendances pourraient s'étendre jusqu'à Rufisque et même jusqu'aux limites des possessions françaises. Cependant nous ne conseillons pas cette extension. La côte jusqu'à Rufisque est parfaitement salubre ; le cap Rouge, qui ferme la baie de Gorée au sud, a souvent servi d'établissement de convalescence pour les malades de Gorée et de Saint-Louis, mais au delà de l'ancien comptoir elle commence à devenir moins favorable à la santé des Européens.

Les deux derniers établissements trouveront de très grandes ressources dans le concours des noirs indigènes qui habitent la baie d'Yof. Ces Yolofs, nous l'avons dit, sont soumis à la France; ils sont fort adroits et très doux. Tous, mais surtout ceux du cap Vert, de Ndacar, de Benne, etc., sont excellents marins. Nulle part sur la côte on ne trouve des pirogues aussi grandes, aussi bien construites et surtout manœuvrées avec autant d'habileté. Ces hommes sont très bons pêcheurs; le poisson fournit la base de leur nourriture; ils le font même sécher, et en cet état il forme un objet d'échanges assez important avec les habitants de l'intérieur. Ils trouvent aussi une assez grande quantité de tortues, qui se plaisent beaucoup dans les baies sablonneuses de cette côte.

La fondation de ces divers établissements peut se faire sans une grande dépense. Celui d'Arguin nécessiterait sans doute la présence d'un poste armé pour protéger nos pêcheurs contre les habitants du Sahara. Ce poste pourrait être établi soit sur l'île même d'Arguin, où nous possédions autrefois un petit fort; soit à la pointe des Salines, soit au cap Blanc. Une cinquantaine d'hommes pris dans les troupes indigènes serait parfaitement suffisante pour atteindre le but proposé.

Les pêcheries du cap Vert et de la baie de Gorée n'exigent pas de précautions de cette nature. Deux ou trois petits bâtiments gardes-pêche seraient chargés de protéger nos navires et de maintenir la police; leur présence assurerait la sécurité de nos établissements sur toute la côte. L'un d'eux devrait avoir le centre de sa station à Arguin, les autres au cap Vert ou à Gorée.

Plus tard sans doute il y aura lieu d'examiner s'il n'est pas nécessaire de fortifier l'île d'Arguin et le havre du cap Vert pour mettre nos pêcheurs à l'abri d'un coup de main du côté de la mer et leur servir de refuge en cas de guerre.

La France a essentiellement besoin de donner aux grandes pêches maritimes, et notamment à celle des poissons destinés à l'alimentation de l'homme, tous les développements dont elles sont susceptibles, afin d'augmenter le nombre trop restreint de ses hommes de mer, et par conséquent son commerce maritime et sa force navale.

Elle doit donc continuer à favoriser la prospérité de la pêche de la morue par tous les moyens en son pouvoir, et notamment par l'allocation des primes; elle doit surtout chercher et même faire naître les occasions favorables pour modifier les traités existants, afin d'agrandir le plus possible la part si étroite qui lui a été laissée dans les parages de Terre-Neuve.

La création des pêcheries africaines serait certainement le moyen le plus efficace de donner à notre grande pêche un essor immense; plus de 1,000 navires trouveraient à s'occuper fructueusement dans cette mer si fertile en poissons. Outre les travaux de protection que nous venons d'indiquer, qui sont de très peu d'importance, il est nécessaire que le Gouvernement accorde aux armateurs les avantages, les primes aujourd'hui allouées aux navires expédiés à la pêche du nord. Nous ne pensons pas que ces sacrifices devront être prolongés. La pêche à Terre-Neuve se trouve dans une position d'infériorité telle à l'égard de ses concurrents anglais et américains qu'elle ne pourra jamais exister sans les secours efficaces des primes ; mais la condition de celle d'Afrique, lorsqu'elle sera établie, sera complétement différente, et nous ne doutons pas que, dans un avenir assez prochain peut-être, elle pourra, sinon se passer complétement d'encouragements, du moins se contenter de primes beaucoup moins fortes, et destinées seulement à compenser les charges qui lui seront imposées dans l'intérêt de l'Etat, et notamment le minimum d'équipage, qui devra être le même que pour les navires terre-neuviens.

Dans notre opinion, dix ans suffiraient pour atteindre le but; et si l'on se mettait à l'œuvre immédiatement, le terme assigné pour la durée de la loi du 28 juillet 1860, sur les grandes pêches (1871), serait aussi celui des primes entières à donner à la pêche d'Afrique. Lors de la discussion de cette loi, un membre du Corps législatif proposa un amendement ayant pour but d'appliquer aux armements qui pourraient être faits pour la côte occidentale toutes les obligations et tous les avantages accordés aux pêcheurs de morue. Nous regrettons sincèrement que cette proposition ait été abandonnée.

Nous pourrions par cette création doubler, tripler même le nombre de nos armements à la pêche et aussi celui des bâtiments qui transportent le poisson fabriqué dans les pays de consommation ; et par conséquent le nombre des hommes qu'ils forment et entretiennent pour le service de la marine marchande et pour celui de la flotte. Les habi tants du Sénégal, de Gorée, les Yolofs libres de la côte, prendraient bientôt part à nos fructueux travaux, et viendraient ajouter une nouvelle force à notre inscription maritime, et aussi d'efficaces moyens de défense pour les établissements africains en temps de guerre. Nous prendrions réellement possession de ces côtes, qui jusqu'à présent ne nous sont soumises que d'une manière purement nominale. Enfin, les établissements permanents de pêche deviendraient bientôt des centres commerciaux étendant leurs relations et par conséquent leur influence au loin dans l'intérieur de ce continent encore si peu connu.

Une objection grave en apparence, mais réellement sans portée, peut être faite contre la création de la pêche à la côte occidentale. Si vous multipliez, dira-t-on, les produits de pêche outre mesure, vous les avilirez, vous ne pourrez trouver à les placer qu'à des prix excessivement bas, vous vous ruinerez vous-mêmes, et vous entraînerez la ruine de la pêche du nord.

Nous sommes loin de vouloir ruiner la pêche du nord ; nous réclamons au contraire pour elle des encouragements plus complets, et surtout plus durables, que pour celle du sud ; nous ne voulons pas même lui faire concurrence. Quant à l'avilissement des produits, il n'est pas à craindre. La pêche anglaise de Terre-Neuve fournit 74,000 tonnes de morue, et en trouve le facile et avantageux placement ; les Américains produisent à peu près autant, et ne suffisent pas à leur commerce et à leur consommation. Enfin, notre pêche ne peut pas alimenter complétement nos Antilles ; l'étranger doit intervenir pour les nourrir. D'un autre côté, la consommation en France est à peu près nulle, si on la compare à celles des Anglais et des autres peuples du nord. Il n'y a donc nul danger d'encombrement, d'avilissement. Cela ne pourrait arriver que dans le cas où tous les produits se réuniraient sur le même marché, et par conséquent par une faute commerciale. La pêche occidentale pourrait produire 100,000 tonnes de poisson sans que l'avilissement fût à craindre. Peut-être arrivera-t-elle un jour à ce chiffre, mais ce ne sera pas tout d'un coup ; le progrès se fera peu à peu, et avec lui les débouchés s'ouvriront. Le plus beau marché sans doute est celui que la France elle-même pourrait offrir, si l'usage du poisson conservé s'y développait, même dans une proportion

restreinte. Si on suppose la consommation , qui aujourd'hui ne s'élève
guère qu'à 11 millions de kil., c'est-à-dire à 0.30 kil. par tête et par
an, portée à 2 kil., ce qui est loin d'être exorbitant si on la compare
à la consommation anglaise , il faudrait ajouter à la production actuelle
60,000 tonnes de poisson. Aussi le plus grand encouragement que le
Gouvernement puisse donner est-il, à nos yeux, le développement de
la consommation française. Nous ne saurions trop l'engager à faire
tous les efforts, à employer tous les moyens en son pouvoir pour faire
connaître et apprécier cet aliment, sain et nutritif, jusque dans nos
campagnes, où il rendrait de si grands services.

Nous devons ajouter que les produits de pêche donneront à notre
marine marchande, dans une proportion beaucoup trop limitée sans
doute, un fret de sortie, qui manque essentiellement chez nous, et qui est
si important dans les opérations commerciales. Ce fret est d'autant plus
précieux que les droits protecteurs de notre navigation sont désormais
complétement abolis, du moins vis-à-vis de la nation dont la concurrence est surtout à redouter pour notre commerce.

Nous osons appeler l'attention du Gouvernement sur cette grande et
belle question, et nous espérons qu'il n'hésitera pas à l'étudier avec le
soin qu'elle mérite, et à donner à la source de nos forces navales, à la
pêche, tout le développement qu'elle peut prendre chez nous.

Section 3ᵉ. — Pêche du corail.

Le corail est trop connu pour qu'il soit nécessaire d'en faire la de-
scription. Il se trouve dans la mer Méditerranée, sur les côtes de la
Provence, de la Corse, et principalement dans les eaux de l'Afrique
septentrionale, depuis les frontières des États de Tunis jusqu'à Alger.
Dans ces derniers temps, on a découvert des gisements importants sur
toute la côte, et jusque dans la baie d'Oran. On en a également trouvé
sur celles de la Sardaigne. Autrefois, on pêchait aussi le corail dans la

mer Rouge ; mais il y a longtemps que cette exploitation a été abandonnée. Le corail est le plus souvent d'un beau rouge ; il s'en trouve cependant de rose et de blanc ; il a la forme d'un petit arbrisseau de 50 à 60 centimètres de hauteur, très branchu et sans feuilles. On le pêche avec un filet appelé *salâbre*, qui râcle le fond et détache le corail du rocher auquel il est adhérent.

L'histoire de cette pêche est à près la même que celles des deux espèces que nous venons d'étudier. La France en eut longtemps le monopole dans la Méditerranée. Dès 1560, en vertu de capitulations conclues avec les États barbaresques, elle avait établi sur les côtes septentrionales de l'Afrique des comptoirs spéciaux, de véritables villes, à Tabarca et à la Calle. Ce dernier surtout fut longtemps florissant ; il possédait des chantiers de construction et de radoub, sur lesquels on construisait et réparait toutes les gondoles employées à la pêche, et que l'on appelait *coralines*. Tous les ustensiles nécessaires à cette industrie étaient fabriqués sur les lieux. La Calle faisait aussi un grand commerce avec l'intérieur du pays. La pêche était alors exploitée par une compagnie privilégiée, qui exerçait le monopole concédé à la France. Cette compagnie changea souvent. Néanmoins, la pêche était florissante, et l'on vit parfois jusqu'à 250 gondoles à la mer. Une des conditions imposées à cette industrie était de n'employer que des marins provençaux. Cependant, à l'époque de la réunion de la Corse à la France, les habitants de cette île demandèrent et obtinrent la faveur d'être admis dans les équipages corailleurs ; les étrangers étaient exclus d'une manière absolue. Tant que dura ce système, Marseille eut le monopole de la fabrication et de la vente de corail, qui faisaient alors pour cette ville une branche importante de commerce. La main-d'œuvre occupait de nombreux ouvriers, et surtout des femmes et des enfants.

La loi des 24-29 juillet 1791 supprima le privilége de la compagnie. Le Gouvernement voulut administrer lui-même les concessions d'Afrique. La pêche fut déclarée libre pour tous les Français et les étrangers ; mais ces derniers n'étaient admis que sous la condition de payer une certaine redevance en nature. Un arrêté de l'an X établit de nouveau une compagnie, mais elle ne devait pas exercer la pêche exclusivement par elle-même ; elle était dans l'obligation d'admettre tous les bateaux français et même étrangers, moyennant une rétribution fixée chaque année par le Gouvernement. Ce régime fut de courte durée.

Les Anglais, s'étant emparés des possessions françaises sur cette côte, obtinrent du dey d'Alger l'autorisation d'exploiter la pêche du corail. Ils appelèrent les Italiens non soumis à la France, les Siciliens, et surtout les Maltais, à exercer cette industrie.

En 1814, le traité de Paris rendit à la France toute ses possessions anciennes dans les deux régences ; la pêche du corail fut reprise. Mais les Provençaux avaient perdu toutes les traditions ; ils ne cherchèrent même pas à prendre part à une navigation qui autrefois avait été si florissante chez eux. Les Corses seuls envoyèrent quelques corailleurs. Les étrangers continuèrent activement la pêche. Elle fut interrompue de nouveau par la guerre d'Alger. Après la conquête de la régence par les armes françaises, et dès 1832, on tenta de ranimer cette industrie. Un très petit nombre de Corses parurent sur les lieux de pêche ; les étrangers seuls répondirent réellement à cet appel. La découverte de nouveaux bancs de corail sur toutes les côtes de l'Algérie, depuis la frontière de Tunis jusqu'à celles du Maroc, en présentant des chances plus favorables aux pêcheurs, ne put engager les Français à faire des armements pour cette destination. Ce sont les bateaux sardes, toscans, napolitains et espagnols, qui viennent draguer le corail sur les côtes françaises de l'Afrique, de la Corse et même de la Provence. De 1832 à 1838, cette pêche occupa de 250 à 300 tartanes étrangères, montées par 2,500 à 3,000 hommes. Dans cette période, la moyenne annuelle des droits payés par ces bateaux fut de 240,000 fr. Les produits de la pêche s'élevèrent à 2 millions de francs environ. En 1836, on vit encore huit bateaux corses, montés par 83 hommes, faire la pêche ; ils rapportèrent pour 50,387 fr. de corail.

En 1838, on découvrit des gisements de corail sur les côtes de la Sardaigne. Les pêcheurs, attirés par la modicité des droits établis par le Gouvernement piémontais, coururent en grand nombre à cette nouvelle exploitation, et abandonnèrent la côte d'Afrique. Mais, soit que les produits des eaux sardes fussent moins beaux, soit que l'on eût beaucoup exagéré la richesse des nouveaux bancs, dès 1842 les tartanes reprirent la route des côtes algériennes. Cependant la pêche française ne fit aucun effort pour sortir de ses ruines.

La perte qui résulte pour la France de cette abstention des pêcheurs français est considérable sous tous les rapports. 3,000 marins au moins pourraient trouver dans cette industrie une existence assurée et une excellente éducation maritime. La construction et l'entretien de 300 tartanes donneraient de l'activité à nos chantiers secondaires ; enfin, la ville de Marseille trouverait dans la fabrication et le commerce du corail un nouvel élément de prospérité, et surtout le moyen de donner de l'ouvrage à des femmes et à des enfants. Pour le corail, la main-d'œuvre est très importante. Brut, le produit de la pêche vaut ordinairement 33 à 35 fr. le kil. La même quantité travaillée, mais non montée, se vend 200 à 220 fr. En estimant le déchet inévitable à 50 p. 0/0, ce qui est beaucoup, on voit que 2 kil. de corail brut donnent 1 kil. de corail façonné : d'où il résulte que la matière première, valant 70 fr., acquiert par le travail le prix de 200 fr., et par conséquent triple sa valeur. Naples et Livourne sont aujourd'hui en possession de cette industrie. Sans compter les petits ateliers, qui sont très nombreux, cette dernière ville possède quatre grandes fabriques de corail, qui occupent chacune 250 à 300 ouvrières, et fournissent ainsi une occupation lucrative à plus de 1,000 femmes.

En 1858, la France a dû demander à l'étranger 16,133 kil. de corail brut, qui, au prix de 33 fr. le kil., donnent une somme de 532,389 fr., et 7,318 kil. de corail travaillé, à raison de 210 fr., soit 1,536,780 fr. Ces chiffres sont assez éloquents pour qu'il soit inutile d'insister sur ce point.

Quelles sont les causes qui ont porté les Français à abandonner la pêche du corail ? Cette question est assez difficile à résoudre. Le même fait se produit pour la pêche du poisson sur nos côtes de la Méditerranée ; elle est en partie abandonnée aux marins étrangers. Cependant nous pouvons indiquer un fait qui, sans être l'unique cause de la perte de notre pêche à la côte d'Afrique, peut cependant y avoir beaucoup contribué : c'est la cherté très grande de nos armements, relativement à ceux des divers peuples italiens et des Maltais.

L'équipage d'une tartane de pêche se compose de sept à neuf hommes, le patron compris. En France, tous ces hommes doivent être pris dans l'inscription maritime, et le patron doit être un maître au cabotage ; enfin, il est d'obligation d'embarquer en outre un mousse ou un novice. Notre personnel maritime n'est pas nombreux ; la navigation commerciale en emploie la plus grande partie, et il n'est pas possible de trouver un matelot qui consente à s'engager sur un corailleur à moins de 45 fr. par mois ; le patron exige un salaire beaucoup plus élevé. Les barques italiennes sont montées par un patron, simple matelot, et deux ou trois hommes, bons marins ; le surplus, c'est-à-dire cinq ou six hommes, sont le plus souvent étrangers au métier de la mer. Le seul point important est qu'ils soient doués d'assez de vigueur pour exécuter les rudes travaux de la pêche. Beaucoup sont des cultivateurs, notamment des vignerons, qui vont passer à la mer le temps pendant lequel la terre ne réclame pas leurs soins. Un grand nombre sont des ouvriers en corail, qui pêchent pendant six mois pour se procurer la matière première, qu'ils travaillent ensuite en famille pendant le reste de l'année. Ces hommes se contentent d'un salaire de 25 à 30 fr. par mois. Ils sont d'ailleurs moins difficiles, moins exigeants pour la nourriture que les marins français ; ce qui est une seconde cause d'économie pour l'armement. Ces deux causes de dépenses réunies dépassent de beaucoup la redevance que le Gouvernement exige des étrangers pour leur permettre de faire la pêche sur nos côtes africaines, et constituent nos armements dans un état d'infériorité réelle à l'égard des étrangers.

Nous le répétons cependant, nous ne pensons pas que cette infériorité soit la seule ni même la principale cause de l'abandon de la pêche du corail par nos marins. C'est une tradition qui s'est perdue ; c'est un métier dur ; les armateurs et les matelots n'y sont pas naturellement portés. Les produits cependant sont assez considérables : il résulte des calculs officiels que les huit bateaux corses expédiés à la côte d'Afrique, et dont deux ne firent que la saison d'hiver, rapportèrent pour 50,587 fr. de corail ; ce qui, en divisant l'année en deux saisons, donne une moyenne de 3,613 fr. 35 c. par bateau et par saison, et 7,226 fr. 70 c. pour ceux qui ont employé l'année entière.

Mais ce qu'il nous importe de rechercher, ce sont les moyens de faire revivre en France une industrie utile à nos hommes, et surtout très intéressante pour nos institutions maritimes. Déjà nous nous nous sommes occupé de cette importante question, déjà nous avons proposé les mesures qui nous paraissaient les plus efficaces pour atteindre le but proposé (1).

Interdire aux étrangers la pêche sur nos côtes d'Afrique pourrait, sans aucun doute, paraître un moyen assuré d'engager les habitants de notre littoral européen à exploiter une industrie devenue pour eux un monopole absolu. Cependant, ce moyen très radical, trop radical à nos yeux, pourrait encore n'avoir aucun effet ; ce qu'il faut surtout, c'est faire renaître chez nous les traditions et le goût de la pêche du corail. Or, tant que ce premier point n'est pas obtenu, il pourrait arriver que les étrangers renvoyés ne fussent pas remplacés par des Français. Nous n'hésitons donc pas à repousser l'idée de proscrire la pêche étrangère.

Il est un autre moyen qui nous paraît préférable : c'est l'application à la pêche du corail du système depuis longtemps employé, et avec succès, pour la pêche à la morue. Une prime serait allouée aux armateurs qui expédieraient des bateaux à la pêche du corail ; elle serait calculée de manière à ce que, jointe à la redevance exigée des pêcheurs étrangers, elle compensât complétement la différence qui existe dans les frais d'armements. Cette prime pourrait facilement être prélevée sur le montant des sommes payées par les pêcheurs étrangers : elle ne grèverait donc pas réellement le Trésor public Il nous paraît très probable que cette différence dans les frais va bientôt, sinon disparaître complétement, au moins s'affaiblir beaucoup pour les armements italiens et siciliens. L'inscription maritime vient d'être établie en principe en Italie ; elle sera sans doute appliquée réellement dans un avenir assez prochain, et avec elle disparaîtra la cause principale de différence.

Les autres encouragements accordés à la pêche de Terre-Neuve ou d'Islande devraient être étendus aux corailleurs. Un simple matelot ayant fait preuve de connaissances satisfaisantes pour la sécurité de la navigation pourrait commander les tartanes de pêche. Il serait per-

(1) V. notre *Code de la pêche maritime*, Introduction, p. 48 et suiv.

mis de comprendre dans l'équipage deux ou trois jeunes inscrits provisoires, âgés de moins de vingt ans. Enfin, et pendant quelque temps seulement, chacun de nos bateaux pourrait avoir dans son équipage un ou deux marins étrangers, ayant déjà pratiqué la pêche du corail pendant trois campagnes au moins comme matelots. Ces hommes seraient destinés à enseigner aux nôtres la pratique de la pêche, perdue depuis longtemps dans nos ports.

Un moyen qui nous paraît très efficace pour rendre à la pêche du corail toute sa prospérité, et, dans un avenir plus éloigné il est vrai, pour donner à l'inscription maritime un grand nombre d'hommes, est la fondation de colonies maritimes sur le littoral algérien. Il s'agirait d'attirer sur nos côtes, soit à la Calle, soit sur tout autre point déterminé, l'émigration des marins étrangers. L'état actuel de l'Italie, le prochain établissement de l'inscription maritime dans ce pays, peuvent favoriser beaucoup cette combinaison. Tout marin qui viendrait s'établir dans la nouvelle colonie avec sa famille recevrait une concession gratuite de terre, proportionnée au nombre d'individus dont cette famille serait composée ; il s'attacherait ainsi au sol ; il deviendrait Français ; il obtiendrait pour la pêche tous les avantages accordés aux nationaux habitant l'Afrique. Ces établissements auraient un avenir à peu près assuré, et lorsque l'inscription maritime sera appliquée en Algérie, ils nous donneraient un contingent de bons matelots assez important pour compenser les frais faits en leur faveur. On doit remarquer d'ailleurs que ces colonies maritimes pourraient, en cas de guerre européenne, contribuer puissamment à la défense de nos possessions africaines.

Quels que soient les moyens que le Gouvernement pense devoir employer pour faire revivre chez nous la pêche du corail, il doit s'y appliquer avec le plus grand soin. Cette restauration d'une industrie qui fut si longtemps exclusivement française importe à la prospérité de notre population maritime, à l'intérêt de notre commerce, enfin, et surtout, au développement de nos forces navales. La pêche du corail est une très bonne école pour 2,500 à 3,000 marins, et pour un nombre plus grand encore, si elle prend tout le développement dont elle est susceptible.

§ 2. PETITES PÊCHES.

En France, la petite pêche, la pêche du poisson sur les côtes et à la mer, est complétement libre. Ce principe a été proclamé par nos anciennes lois, et notamment par l'ordonnance de 1681. L'article 1er, tit. 1, livre 5, est ainsi conçu : « Déclarons la pêche de la mer libre et « commune à tous nos sujets, auxquels nous permettons de la faire « tant en pleine mer que sur les grèves, avec les filets et engins per- « mis par la présente ordonnance. » Cette règle n'a pas cessé d'être en vigueur. Ainsi donc, à la différence de la pêche fluviale, qui fait partie du domaine de l'État et est exploitée à son profit, la pêche maritime est commune à tous les Français ; tous peuvent l'exercer, mais en se conformant aux règlements qui la régissent, surtout en ce qui concerne les rets, filets et engins qui peuvent y être employés. L'ordonnance, si admirable d'ailleurs, de 1681, avait cessé d'être applicable dans plusieurs de ses dispositions ; elle ne prévoyait pas certains faits nouveaux, elle n'était plus suffisante ; d'un autre côté, les autres ordonnances et règlements anciens, en matière de pêche, se trouvaient également surannés et souvent même repoussés par les tribunaux, comme entachés d'un vice législatif radical, parce qu'ils n'avaient pas été enregistrés dans les parlements locaux. Notre petite pêche n'était plus protégée, elle se ruinait par ses propres excès. Plusieurs fois on tenta, mais en vain, de faire une législation nouvelle, dont le besoin se faisait énergiquement sentir. Enfin, en 1851, un projet de loi fut préparé ; il avait déjà reçu l'approbation du Conseil d'État, lorsqu'il fut promulgué le 9 janvier 1852 sous la forme d'un décret-loi. Cet acte important posa les principes, prononça les peines applicables aux contrevenants ; mais, reconnaissant combien il était important d'adapter exactement la réglementation aux divers systèmes de pêche, aux différences de lieux, et aussi de la rendre assez mobile pour pouvoir toujours la modifier suivant la nécessité du moment, le décret délégua le droit de faire les règlements au pouvoir exécutif. En vertu de cette disposition, cinq décrets ont été rendus, les quatre premiers le 4 juillet 1853, et le cinquième le 19 novembre 1859, pour régir la pêche dans chacun des cinq arrondissements maritimes.

En 1852 comme en 1681, le législateur se préoccupait surtout : 1° de conserver réellement la liberté de la pêche, et de la défendre contre les empiétements des particuliers, qui toujours ont tenté de confisquer à leur profit exclusif une portion de ce domaine commun à tous les riverains, et même à tous les Français; 2° et d'empêcher que par l'emploi de certains filets ou engins, par des opérations faites dans certaines saisons, et par d'autres abus, le fond même de la pêche fût complétement détruit ou même amoindri. Pour atteindre ce double but, les décrets fixent toutes les conditions imposées aux pêcheurs, non-seulement d'une manière générale pour chaque arrondissement, mais spécialement pour chaque sous-arrondissement, et souvent même pour chaque quartier. Ils décrivent avec soin tous les filets permis, fixent leurs dimensions, la grandeur des mailles, etc., etc., et déclarent prohibés tous engins qui ne sont pas permis expressément. Ce système paraît produire de bons résultats; il permet de porter un remède immédiat à tous les abus qui peuvent être inventés, et d'apporter à la réglementation toutes les modifications dont l'usage démontre l'utilité, sans avoir besoin de recourir au pouvoir législatif.

La petite pêche se divise en deux espèces distinctes. La première, la plus importante, la seule qui soit réellement utile à l'État, et qui, par conséquent, mérite son attention et sa protection, se pratique à l'aide de bateaux qui vont en mer, à une distance plus ou moins grande du rivage, chercher le poisson et s'en emparer : c'est la véritable pépinière de nos marins, c'est la source la plus féconde de notre force maritime. L'autre est faite à terre, sur les grèves, à l'aide quelquefois de filets mobiles, le plus souvent avec des pêcheries fixes et des filets tendus à l'avance, dans lesquels le poisson se prend de lui-même et sans aucune action de la part du propriétaire de ces engins. Cette pêche, que nous n'hésitons pas à appeler parasite, nuit essentiellement à la première; elle est complétement en dehors de l'industrie maritime.

La pêche en bateau exige quelquefois une assez longue navigation. Ainsi la pêche du hareng, dite pêche d'été, entraîne ceux qui s'y livrent jusque dans les mers du nord de l'Écosse. Elle emploie des bateaux de quinze à soixante-quinze tonneaux, et même plus grands, qui tiennent la mer pendant un mois ou six semaines. Longtemps notre pêche du hareng en Écosse donna lieu à une fraude aussi nuisible à la pêche loyale qu'au développement de l'inscription maritime. Les armateurs expédiaient des bateaux qui, au lieu de faire réellement la pêche, achetaient le hareng pêché et même salé par les Écossais, le rapportaient comme pris par eux, et jouissaient ainsi de la franchise des droits d'entrée en France. Le décret-loi du 22 mars 1852 a mis fin à cette ignoble et désastreuse spéculation. La pêche française dans les mers d'Écosse se fait aujourd'hui loyalement ; elle donne des produits également importants pour la quantité et la qualité du poisson. Les armements à la pêche d'Écosse sont, comme ceux de Terre-Neuve, soumis à un mininum d'équipage proportionné au tonnage du bateau, mais ils ne reçoivent pas de prime. Le sel nécessaire leur est délivré en franchise, et le hareng de leur pêche entre en France sans payer aucun droit. Le poisson étranger était naguère encore frappé d'un droit prohibitif de 40 fr. par 100 kil. La convention du 16 novembre 1860 a abaissé ce droit à 10 fr. De ce jour, nous pouvons affirmer que notre pêche du hareng, non-seulement sur les côtes d'Écosse, mais encore sur celles d'Angleterre, et même sur les nôtres, est absolument perdue. Elle est hors d'état de lutter contre la pêche anglaise, qui, beaucoup plus favorisée par sa situation même, et aussi beaucoup plus développée, inondera la France de ses produits.

La pêche du hareng sur les côtes d'Angleterre, appelée pêche d'automne ou d'Yarmouth, et celle qui se fait à la même époque sur nos côtes, sont également très importantes ; mais elles auront le même sort que celle d'Écosse, elles seront anéanties par l'abaissement des droits sur l'entrée du poisson de pêche étrangère. Il en sera de même de la pêche du maquereau, dite grande pêche, qui elle aussi nécessitait l'emploi de forts bateaux et un séjour à la mer assez prolongé. Cette triple perte sera très grande pour les habitants de nos côtes, et par conséquent pour l'inscription maritime, si le Gouvernement ne trouve et n'applique pas immédiatement un remède au mal.

Toutes les autres pêches se font également en bateau, mais ces embarcations sont souvent plus petites, et le séjour à la mer est moins long ; l'usage des Français est de rapporter le poisson tous les jours à peu près.

En commençant cette étude, nous avons donné un aperçu rapide de l'importance des petites pêches considérées sous le triple point de vue commercial, économique et politique. Nous connaissons la nature et la quantité des produits de notre pêche, nous savons le nombre d'hommes qu'elle emploie, et aussi celui des marins qu'elle élève et instruit pour le service de la marine commerciale et militaire. Il nous reste donc seulement à rechercher dans quel état se trouve en France une industrie si importante, et si elle n'est pas susceptible, dans l'intérêt de la nation tout entière, de prendre des développements très importants ; enfin, quels sont les moyens à employer pour lui donner le plus grand degré de prospérité possible.

L'intérêt immense qui s'attache à la prospérité et au développement des pêches maritimes ne saurait être un instant mis en doute. La France a 2,400 kilomètres de frontières maritimes ; elle doit donc, non-seulement dans l'intérêt de sa puissance et de sa prospérité, mais encore dans celui de sa propre défense, de sa sécurité, tendre de toutes ses forces à devenir ou plutôt à rester une puissance maritime de premier ordre. Car désormais, il est bien reconnu par tous les hommes spéciaux que la défense des côtes est impossible avec des fortifications terrestres seulement, et que la marine seule peut lutter à armes égales contre des attaques faites par une marine ennemie. Or, nous l'avons déjà établi, pour avoir une marine militaire, il faut un grand nombre de marins, et la pêche seule peut produire une quantité suffisante d'hommes en état d'équiper nos flottes. Sous ce point de vue, la petite pêche a de grands avantages sur les pêches lointaines, non-seulement à cause du nombre de ses élèves, mais encore et surtout parce qu'elle tient les hommes sous la main de l'État. En effet, ils ne s'éloignent jamais que pour quelques jours, et, en quelque saison que les besoins des armements se fassent sentir, on est sûr de trouver les pêcheurs. Enfin, ces marins sont à l'abri d'un coup de main de l'ennemi. Les hommes embarqués à la grande pêche, au contraire, sont absents pendant six mois, et exposés à être enlevés par l'ennemi, même avant toute déclaration de guerre, comme cela est arrivé plusieurs fois, et notamment en 1755.

D'un autre côté, la marine commerciale de la France est dans la nécessité de se développer le plus rapidement possible, pour répondre aux besoins du pays et lutter avec moins de désavantage contre la concurrence étrangère, et surtout contre celle de l'Angleterre, devenue beaucoup plus redoutable encore depuis que la convention du 16 novembre 1860 a aboli, en faveur de la Grande-Bretagne, la surtaxe de pavillon qui, jusqu'ici, avait servi à compenser en partie des causes d'infériorité matérielle qu'il est impossible au génie de l'homme de faire disparaître.

Pour obtenir ce double résultat, le recrutement rapide et assuré de notre marine militaire, portée au point de puissance que réclame l'intérêt de la France; le développement de notre commerce maritime, et même l'abaissement, dans une certaine mesure, du prix relativement élevé de notre navigation, il n'y a qu'un seul moyen : c'est l'accroissement et la prospérité de nos pêches de toute nature, et surtout de la petite pêche, qui est la pépinière la plus féconde de nos marins.

Malheureusement, ainsi que nous l'avons déjà démontré par des chiffres, la pêche française est loin de pouvoir supporter la moindre comparaison avec celle de la Grande-Bretagne. Pour ce dernier pays, la seule pêche du hareng sur les côtes nord de l'Écosse emploie autant de marins (48,000 à 50,000) que notre pêche côtière tout entière. Les produits de la pêche du hareng en Angleterre sont sept fois plus considérables que les nôtres. Cette infériorité existe et dans la même proportion pour tous les genres de pêches et pour toutes les espèces de produits. Pour les huîtres même nous sommes inférieurs à nos voisins, qui chaque année nous vendent 5 à 6 millions de ces coquillages. Quelles peuvent être les causes d'un état de choses que nous ne craignons pas d'appeler déplorable?

Un grand nombre de personnes ont affirmé que les côtes de France sont beaucoup moins poissonneuses que celles de l'Angleterre, et ont attribué à ce fait notre infériorité. Pour quelques espèces de poissons,

·et notamment pour le hareng, ce fait est vrai ; mais nous ne saurions admettre qu'il fût de nature à paralyser la pêche, surtout alors qu'elle était protégée contre toute concurrence par le droit prohibitif de 40 fr. par 100 kil. Aujourd'hui, et avec le droit réduit à 10 fr. sur le poisson étranger, il pourra exercer une très fatale influence, si l'on ne trouve pas moyen de porter remède au mal. La rareté du poisson n'est pas si grande sur nos côtes que l'on semble le penser, et cette rareté ne s'étend pas à la mer commune aux deux peuples, où tous les deux ont le droit de jeter leurs filets. C'est cependant dans cette mer commune que les pêcheurs anglais vont chercher le poisson le plus beau, le plus estimé ; c'est là qu'ils le prennent en très grande quantité. Ce n'est donc pas la rareté du poisson qui fait la pauvreté de notre pêche. D'ailleurs, en admettant même ce que nous nions, ce fait ne s'applique qu'aux côtes de la Manche, c'est-à-dire à un quart au plus de notre littoral ; sur les côtes mêmes de cette mer, vers son embouchure (Finistère), sur celles de l'Océan et de la Méditerranée, là où l'étendue des eaux est considérable, le poisson, n'ayant pas à choisir entre deux terres rapprochées, vient dans les eaux françaises ; il est très abondant, et offre à la pêche les ressources les plus variées et les plus complètes ; et cependant notre industrie non-seulement n'est pas plus florissante dans ces pays, mais elle est même beaucoup moins développée, beaucoup moins prospère, que dans ceux où l'on signale la pauvreté des fonds. Là n'est pas la cause du mauvais état de notre pêche côtière. Un savant qui a consacré ses études à la culture de la mer, M. Coste, disait naguères, dans un rapport à l'Empereur, que ce n'était pas le poisson qui manquait à nos pêcheurs, mais bien les moyens de le prendre. Nous croyons que le savant a parfaitement raison, et que là est la véritable, la seule, ou du moins la principale cause de notre infériorité.

Les produits de la pêche côtière, quelque faibles qu'ils soient, relativement au nombre d'hommes qui s'occupent de cette industrie, suffiraient amplement aux besoins de tous les pêcheurs et de leurs familles ; malheureusement, le salaire n'est acquis que dans une bien faible proportion aux ouvriers ; il passe presque tout entier aux mains de parasites ; et, comme le dit M. le ministre de la marine lui-même, « il y a absence de proportionnalité entre le gain des marins adonnés à la pêche côtière et les bénéfices que retirent de cette industrie les armateurs , bailleurs de fonds , écoreurs , etc., etc. (1). »

Les armements à la pêche se font de diverses manières , suivant l'usage des ports ; mais, en général, la barque n'appartient ni au patron ni à aucun des hommes qui la montent ; elle est la propriété d'un armateur, qui souvent aussi possède les filets et autres engins de pêche. Dans presque tous les cas l'armateur a le monopole de toutes les fournitures sans exception , et presque toujours il les compte à un prix beaucoup plus élevé que le prix véritable. Ainsi , il a été constaté par l'enquête de 1851 (2) que tel armateur à la pêche du hareng comptait à l'armement le sel à raison de 60 fr. le tonneau , alors qu'il le payait réellement 30 fr. ; les barils vides, 50 fr. la douzaine , au lieu de 24 fr., qui était le prix réel. Il en est de même pour les vivres et pour toutes les fournitures ; et cependant, pour ces mêmes fournitures, l'armateur prélève une commission de 5 p. 0/0 au moins. Au retour, une autre commission de 5 p. 0/0 est encore prise sur les prix de vente des produits ; souvent encore l'écoreur prend un droit de 5 p. 0/0 sur le prix du poisson pour couvrir, dit-on, les chances de non-payement des acheteurs. Enfin , toutes ces déductions faites , on fixe le montant des produits. Le partage s'opère suivant le genre de pêche et le port : deux, trois et jusqu'à six parts, lorsque les risques d'avaries restent à la charge de l'armateur, sont attribuées au bateau ; une demi-part revient à chaque portion de filet, et une demi-part à chaque marin ; le patron seul a une part et demie. Mais ces parts sont réduites à très peu de chose ; à peine s'il revient à chacun de quoi soutenir sa famille de la manière la plus misérable. Il ne reste à ces malheureux que la nécessité de recommencer le lendemain le rude labeur de la veille , sans pouvoir même jamais espérer d'améliorer leur position en devenant eux-mêmes propriétaires des instruments qui servent à leur travail.

Il arrive quelquefois que le patron est propriétaire du bateau ; mais il n'est pas toujours beaucoup plus heureux. Voici en général comment ils procèdent pour acquérir cette propriété si désirée ; nous prendrons

---

(1) V. la circulaire adressée par M. l'amiral ministre de la marine aux préfets maritimes le 27 septembre 1860. *Bulletin officiel de la marine*, 1860, p. 238, n° 225.

(2) V. le rapport de la sous-commission d'enquête, p. 133.

pour exemple ce qui se passe le plus ordinairement dans quelques ports de la Manche, et notamment à Trouville. Lorsqu'un marin peut réunir, au moyen de sa famille et de ses amis, une somme de 3000 ou 4000 f., il commande un bateau à un constructeur. Un bateau propre à la pêche du chalut, armé, gréé, muni de ses filets, et prêt à prendre la mer, coûte environ 14,000 fr. En payant un à-compte à chacun des entrepreneurs, le futur patron trouve crédit pour le surplus, c'est-à-dire pour 10,000 fr. environ ; il doit payer ses créanciers, intérêts et capital, sur les produits de sa pêche. Remarquons d'abord que le prix du bateau (14,000 fr.) est beaucoup exagéré ; mais le mode de payement adopté par le marin le force à accepter une augmentation très forte ; elle doit s'élever à 2000 ou 3000 f., et plus encore peut-être. Dépourvu de toute espèce de capital, il est dans la nécessité de s'adresser aux divers fournisseurs pour en obtenir à crédit les vivres et les autres choses nécessaires à ses opérations. A chaque retour de pêche, il remet ses produits à l'écoreur, qui, dans ce cas, n'a d'autre mission que de procéder à la vente du poisson à l'encan, et de répondre du prix d'adjudication. Pour cette opération si simple il est prélevé une commission de 5 p. 0/0 sur le produit brut. Chaque semaine l'écoreur compte avec le patron et lui remet ce qui lui revient. Après avoir donné à son équipage les parts qui lui appartiennent, le patron prélève la somme nécessaire pour assurer son existence et celle de sa famille ; puis il divise le reste en à-compte aux constructeurs, aux voiliers, gréeurs et fournisseurs, etc., etc. ; mais ces à-compte sont peu considérables en proportion de l'énormité de la dette, augmentée par les intérêts. Le plus souvent d'ailleurs, pour remettre à la mer, il faut avoir encore recours au crédit. Il est donc très difficile aux patrons de se libérer complétement ; ce n'est qu'à force de travail et de privations qu'ils y parviennent ; souvent ils restent des années sous le poids de la dette, et par conséquent de l'usure déguisée qui les ronge. Les créanciers eux-mêmes ne cherchent pas à rentrer complétement dans leurs avances ; ils entretiennent ce commerce, qui leur est très profitable. Lorsque le bateau, devenu vieux, a besoin de grandes réparations, d'une refonte peut-être, ou même d'être remplacé (la durée moyenne d'un bateau bien construit est de dix à douze ans), il est très rare que le patron soit en état de pourvoir à ces éventualités sans recourir encore au crédit, sans se remettre encore entre les mains de créanciers qui l'exploitent. On doit remarquer que nous n'avons pas parlé du cas de la perte du bateau ; ces sortes de sinistres sont heureusement rares; mais quand ils arrivent, le patron, s'il sauve sa vie, est plus malheureux que jamais, car ces barques ne sont pas assurées. Les pêcheurs n'auraient jamais le moyen de payer la prime.

Telle est la position, déjà enviée et considérée comme excellente, des patrons propriétaires de bateaux; mais celle des hommes de l'équipage reste la même que dans le cas où il y a un armateur. Le propriétaire du bateau, quel qu'il soit, fait les mêmes prélèvements, et même, ce qui est assez rare, quand le patron se voit complétement libéré, le sort de l'équipage ne s'améliore pas, car alors il s'attribue les droits d'armateur, sauf l'écorage, qu'il doit toujours payer.

Les simples pêcheurs sont réduits, eux et leurs familles, à vivre au jour le jour, ou plutôt à la semaine. Et si le temps a été peu propice, s'ils n'ont pu sortir, ils sont forcés, eux aussi, d'avoir recours aux fournisseurs, et, comme ils présentent moins de garantie de solvabilité, le crédit qu'ils obtiennent est mis à un plus haut prix. Ces hommes ne peuvent que rarement parvenir à acquérir même un lot de filet, ou les lignes qu'ils doivent posséder lorsqu'ils font la pêche aux cordes. Dans ce cas, comme dans celui où l'usage exige qu'ils soient possesseurs d'une partie de filets, ils sont dans la nécessité de s'adresser à l'armateur, ou à des individus qui, résidant même loin des ports, sont propriétaires de filets, et font métier de les louer. Cette propriété est, nous le savons, très avantageuse. Dans beaucoup de pêche, un lot de filet prend dans les produits une part égale à celle d'un matelot.

Nous avons parlé des écoreurs (1). Ceux qui se bornent aux fonctions de simples consignataires vendent chaque jour à la criée le poisson apporté de la mer; ils sont responsables de la solvabilité des personnes auxquelles ils adjugent, et, pour ce fait, ils prennent une commission de 5 p. 0/0 sur le produit brut de la vente. Chaque semaine ils rè-

---

(1) La dénomination d'*écoreur* est employée dans quelques ports de la Manche pour désigner l'individu qui, à titre d'armateur, de fournisseur ou de consignataire, est chargé de recevoir les produits de la pêche et de les vendre.

glent leurs comptes avec les patrons, et leur remettent le montant des ventes. Nul contrôle ne peut être exercé sur les opérations des écoreurs, et ces opérations ont été souvent critiquées avec beaucoup de vivacité, et peut-être avec beaucoup de raison. Les pêcheurs de Saint-Valéry-sur-Somme réclamèrent, en 1852, l'établissement, dans chaque port d'armement, d'un contrôleur d'écorage. Ce projet, soumis à une commission réunie à Saint-Valéry, dans laquelle figuraient plusieurs armateurs écoreurs, fut repoussé.

L'écoreur se borne rarement à être le consignataire du bateau et des produits ; en général, il est armateur, fournisseur et bailleur de fonds.

Dans les ports qui approvisionnent la capitale, quelques pêcheurs ont cherché à se soustraire au payement de cette lourde commission en expédiant directement leur poisson à Paris : ils ont été forcés de renoncer à cet expédient, parce qu'ils rencontraient toutes les diffi-cultés suscitées par les possesseurs de ce droit exorbitant, et que, agis-sant isolément, ils ne pouvaient avoir, sur le marché qu'ils voulaient s'ouvrir, aucun représentant pour surveiller leurs intérêts, recevoir les comptes, etc., etc.

Le tableau que nous venons d'ébaucher de la position malheureuse de nos pêcheurs s'applique, avec quelques variations peut-être, à tous nos ports où la pêche est la plus active ; nous dirions la plus floris-sante, si ce mot pouvait s'appliquer à un pareil état, et surtout aux ports du premier arrondissement maritime. Mais il existe en France des parties importantes de côtes, très riches par la quantité et la qualité du poisson, et où la pêche ne peut pas même être faite, tant est grande la misère de nos marins. Presque tout le littoral du Finistère et du Morbihan est dans cette déplorable position. Éloignés des grands centres de consommation, privés des voies de communication rapides, ces malheureux n'ont pas même la triste ressource des armateurs et des écoreurs ; ils ne peuvent se procurer ni bateaux ni filets. Nous invo-querons encore ici le témoignage si puissant de M. Coste ; c'était de ces hommes qu'il parlait, dans son rapport à Sa Majesté l'Empereur, dans les termes suivants : « .... Ils sont si dépourvus d'instruments « de travail, que leurs grossières embarcations ne peuvent les porter,

« sans les plus grands dangers, aux lieux qu'habitent les poissons de
« grande taille ; et , quand leur courageuse abnégation les y a conduits,
« ils n'ont à jeter, sur les fonds fréquentés par ces précieuses espèces ,
« que des engins impropres à en opérer la capture.... » Et cependant,
nous le répétons avec ce savant pisciculteur, ces côtes sont riches en
poissons , et en poissons des meilleures espèces. Leur position seule
suffirait pour expliquer cette richesse. Elles sont éloignées de tout
autre littoral ; battues par la grande mer, le poisson vient naturellement, forcément, sur le seul rivage qu'il trouve à sa portée. Et, à
côté d'un pareil fond , nos pêcheurs sont réduits à saisir sur le rivage
le menu fretin , dont la prise est même nuisible à la reproduction des
grandes espèces.

Telle est la position de la pêche côtière sur le littoral français. Partout nos pêcheurs sont frustrés de la très grande partie des profits de
leur profession ; partout ils sont dans l'impossibilité de posséder en
propre leurs instruments de travail , ou même de se les procurer ; partout ils vivent péniblement du trop mince salaire qu'ils peuvent arra-
cher à ceux qu'ils enrichissent. Une pareille position rend tous progrès
impossibles. L'homme qui n'est pas propriétaire de son bateau, de son
filet, ne peut pas penser à les améliorer. Il ne veut ni ne peut apporter aucun changement dans la propriété d'un étranger ; et même s'il
possède lui-même, n'ayant aucune avance, il ne peut songer à faire
des modifications toujours coûteuses. Quant aux armateurs, écoreurs ,
loueurs de filets, les choses, dans l'état où elles sont, leur rapportent des
bénéfices assez considérables pour qu'ils s'en contentent. D'ailleurs,
pour faire des progrès, il faudrait faire quelques dépenses, ce qu'ils
évitent avec soin, l'industrie étant déjà très lucrative pour eux. C'est
ainsi que chez nous tout le matériel, bateaux, filets, engins de toute
sorte, méthodes de pêche même, sont restés dans le même état, sans
avoir fait aucun progrès, sans avoir obtenu aucune amélioration.

A cette cause première et principale de l'infériorité de notre pêche côtière, il s'en joint d'autres qu'il importe de signaler. En France, la consommation du poisson est très faible : cet aliment ne pénètre pas encore
sur tous les points de notre territoire ; il serait important, pour la prospérité de l'industrie maritime. que l'autorité fît tous les efforts possibles

pour augmenter dans la population le goût d'un aliment précieux pour la santé de l'homme. Un des moyens les plus efficaces pour atteindre ce but serait de diminuer autant que possible les frais accessoires qui augmentent le prix du poisson sur les marchés de consommation, et lui donnent une valeur quadruple, quintuple même, de celle qu'il avait au lieu de débarquement. Cette marche n'a pas été suivie jusqu'ici.

Le poisson frais, qui naguère encore était transporté des lieux de pêche sur les marchés de l'intérieur par un roulage spécial et accéléré, devait supporter alors des frais très considérables. Lors de l'établissement des chemins de fer, on dut penser que cette denrée, non-seulement arriverait plus fraîche et en meilleur état de conservation par cette voie rapide, mais encore que les frais de transport seraient beaucoup amoindris, et que par conséquent elle pourrait être vendue à un prix moins élevé. Il n'en a rien été cependant, ce prix s'est même considérablement augmenté. Le tarif de transport exigé par les chemins de fer, qui aurait dû être fixé au plus bas et au même taux que la marchandise qui paye le moins, ne l'a pas été ainsi; il est beaucoup trop élevé.

Mais là ne se bornent pas les frais qui surchargent cette denrée alimentaire. Toutes les grandes villes, Paris notamment, ont frappé le poisson de droits d'entrée ou de marché très considérables. A Paris, le droit d'octroi est de 60 fr. par 100 kil. sur les poissons de luxe tels que le saumon, le turbot, etc., et de 15 fr. pour le poisson ordinaire. Ainsi, un baril de harengs contenant 128 kil. net de poisson et valant, rendu en gare, 40 à 45 fr., doit acquitter un droit de fr. 19.13, c'est-à-dire 45 0/0 environ de sa valeur. Ces frais, en augmentant le prix de la denrée, diminuent nécessairement la consommation dans une proportion considérable, et portent un grave préjudice au pêcheur, obligé d'en supporter une partie par une diminution des prix qu'il obtient de ses produits.

Enfin une dernière cause vient se joindre aux précédentes pour accabler notre industrie maritime : nous voulons parler des pêcheries fixes qui couvrent nos rivages. Ainsi que nous l'avons dit, cette pêche est entièrement étrangère au métier de marin ; elle vit des produits de la mer, sans cependant que ceux qui l'exercent quittent jamais la terre.

Les pêcheries, de quelque nature qu'elles soient, ne peuvent être établies et conservées que par une violation du principe fondamental de la liberté de la pêche. En effet, non-seulement le possesseur peut seul profiter du poisson pris dans ces filets ou engins privilégiés, mais encore cette propriété spéciale est protégée par une défense faite à tout pêcheur en bateau de jeter ses filets, ou de prendre du poisson à une certaine distance de ces établissements, qui se trouvent ainsi entourés d'un rayon de protection. Ainsi les pêcheries non-seulement donnent à leurs possesseurs le monopole de la pêche dans les lieux mêmes qu'elles occupent réellement, mais encore elles étendent ce privilége abusif dans le rayon fixé; enfin elles forment de véritables écueils sur tous les rivages, les bateaux de pêche ne pouvant sans danger, même en cas de gros temps, se risquer au milieu de ce dédale sous-marin de pierres, de pieux et autres matériaux employés dans les constructions. Sous ce double rapport, elles sont absolument contraires au principe que nous venons de rappeler.

Les pêcheries fixes nuisent également au fond de pêche, en retenant et en détruisant une grande quantité de frai et de poisson de premier âge. Dans tous les lieux, mais surtout sur les parties du littoral où la marée se fait sentir, cet inconvénient est inévitable, quelle que soit la prévoyance des règlements, quelques précautions que prennent les exploitants eux-mêmes. En effet, la mer apporte toujours des sables, des herbes marines qui renferment le frai et du jeune poisson en grande quantité, et de quelque manière que soit construite la pêcherie, elle ne peut pas ne pas mettre un obstacle à la retraite du poisson : les ouvertures qu'elle doit laisser ouvertes ou garnies de filets spécialement faits pour cet usage, même lorsqu'elles sont conformes aux prescriptions, ne sont pas toujours trouvées par le petit poisson ; elles sont souvent encombrées par les fucus marins ; enfin le frai ne saurait y être porté par l'eau de manière à assurer sa sortie. Lorsque la marée est descendue, elle laisse sur le sol une grande quantité de ces petits poissons et de frai qui, même sans être recueillis par les pêcheurs, périssent avant le retour de la mer. Ce grave inconvénient suffirait seul, à nos yeux, pour faire condamner un pareil mode de pêche.

La plupart des pêcheries sont possédées par des individus qui n'appartiennent pas à la marine, et qui même habitent loin des côtes. Un grand nombre de ces établissements sont ou semblent être des propriétés privées qui se transmettent par les voies ordinaires de succession ou de vente; mais il en est d'autres aussi qui de temps en temps sont concédées par l'État. Rarement les propriétaires font valoir eux-mêmes ces possessions; ils les afferment, et à très haut prix, à des habitants des côtes, qui les exploitent en seconde main. Ces hommes, pour la plupart, ne sont pas marins, ni même destinés à le devenir. La mise en valeur est peu coûteuse : un seul homme, aidé de quelques femmes, suffit pour réaliser des produits considérables. Enfin tout le bénéfice est réservé à un propriétaire étranger à la navigation. De plus, ses produits, souvent d'assez médiocre qualité, viennent sur les marchés faire une concurrence désastreuse, à cause des bas prix, au poisson d'excellente qualité pris par la pêche en bateau. Cette manière de faire la pêche ne forme donc aucun marin, ne rend aucun service à l'État; elle nuit même à celle qui est la source féconde de la force nationale.

Cette industrie a cependant trouvé de zélés et d'habiles défenseurs. Il y a quatre ans à peine, des pétitions présentées au Sénat au nom des propriétaires de pêcheries, les représentaient comme de pauvres malheureux réduits à la misère par les nouveaux décrets sur la nature des filets permis, et ne concluaient pas à moins qu'à l'exonération de toute espèce de réglementation sur la dimension des mailles, ou du moins à l'ajournement de toute application de ces lois, c'est-à-dire à la sanction de la faculté de prendre et de détruire librement le poisson de premier âge et le frai, d'anéantir sans obstacles le fond de pêche. Cette demande habilement présentée avait excité d'ardentes sympathies; heureusement dans le sénat siégeait un officier général, ancien ministre de la marine, qui a été depuis élevé à la dignité d'amiral; il put éclairer l'assemblée. Il prouva que les établissements dont il s'agissait n'appartenaient, ni à de pauvres familles, ni à des marins, mais à des hommes la plupart étrangers à l'exploitation des pêcheries, et fort au-dessus du besoin; enfin, il fit luire la vérité tout entière aux yeux du sénat, et l'ordre du jour fut adopté.

Telles sont à nos yeux les causes réelles de l'état vraiment déplo-

rable dans lequel se trouve notre pêche côtière tout entière ; elles paralysent complétement son développement et la poussent insensiblement à sa ruine complète. Aujourd'hui un nouveau motif de mort doit être ajouté à tous les autres. La convention du 16 novembre 1860 a ouvert nos ports à l'introduction du poisson de mer de pêche anglaise, en l'admettant au droit très réduit de 10 fr. par 100 kil. Jusqu'ici, comme tous les produits de cette nature, il était frappé d'un droit de 40 fr. par 100 kil., c'est-à-dire qu'en réalité il était prohibé ; mais sous le régime nouveau il est certain qu'il va inonder nos marchés et faire à notre propre pêche une concurrence qu'elle est incapable de soutenir, grevée comme elle l'est par toutes les charges que nous venons d'énumérer. La pêche anglaise est beaucoup plus perfectionnée que la nôtre ; ses produits sont immenses déjà, et peuvent facilement s'accroître en proportion des débouchés qui lui sont ouverts. Le poisson lui revient à si bas prix, qu'elle peut, malgré le droit de 10 fr. par 100 kil., trouver des bénéfices considérables à nous approvisionner, et par conséquent à ruiner cette partie essentielle de notre industrie maritime. Nous pensons que le gouvernement de la Grande-Bretagne verrait sans aucun déplaisir la pépinière des matelots français complétement anéantie, en même temps que celle de ses marins deviendrait plus fertile et plus prospère ; et il nous est permis de croire que cette idée a pu avoir une assez grande influence sur les demandes faites par elle sur ce point. Il est vivement à regretter que la convention du 16 novembre ait été beaucoup plus loin que le traité même du 23 janvier, dont elle devait assurer l'exécution. En effet, l'article 1er de cet acte solennel contient l'énumération des produits sur lesquels l'Empereur s'engage à diminuer les droits, et dans cette énumération le poisson de pêche étrangère n'est pas compris. Il est vrai que l'on a été beaucoup plus loin : l'art. 3 du traité réserve formellement en faveur de notre marine les droits différentiels du pavillon, et la convention d'exécution abroge complétement ces droits. Il est à regretter que dans le conseil supérieur du commerce, qui fut seul chargé d'examiner les propositions du tarif, on n'ait appelé aucun représentant de la marine française.

Examinons quelle est la position de la pêche anglaise, peut-être trouverons-nous dans les causes de sa prospérité des enseignements utiles, des exemples à suivre pour éviter le malheur public dont nous sommes menacés.

Un des moyens les plus efficaces employés par nos voisins d'outre-Manche pour développer l'industrie de la pêche, et surtout celle du hareng en Écosse, pour perfectionner les bateaux, filets et engins, et même les méthodes de pêche, a été la création du conseil des pêches (*Board of fisheries*). Ce conseil est composé de quinze membres nommés par la Reine; leurs fonctions sont gratuites. Un agent supérieur, nommé également par Sa Majesté sur la proposition du conseil, est chargé de la direction générale du service. Trois employés supérieurs, agissant sous son autorité et sa responsabilité, sont chargés des détails; un inspecteur et un inspecteur adjoint parcourent les stations de pêche où leur présence est le plus utile. Enfin, vingt-quatre officiers de pêche et deux surnuméraires choisis par le chef du service, et révocables, restent dans les ports et surveillent toutes les opérations. Tous ces employés sont payés par l'État et se trouvent par conséquent dans une position parfaitement indépendante des influences locales. Un ingénieur est attaché au conseil, qui, dans certains cas, a fait construire même des ports de pêche ou améliorer ceux existants. Les bâtiments de l'État chargés de la surveillance et de la protection de la pêche sont, pour cette mission speciale, placés sous les ordres et la direction du conseil. Un bâtiment léger appartient en propre à cette institution et sert soit à la surveillance, soit au transport des inspecteurs. La dépense totale du conseil est de 15,000 liv. st., soit 375,000 fr., y compris une somme de 3,000 liv. st. (75,000 fr.) consacrés à la construction ou à l'amélioration des ports.

Il est impossible de mettre plus de soins, plus de persévérance, pour accomplir une mission, d'ailleurs si honorable et si utile, que n'en a mis ce conseil des pêches depuis sa création, ou plutôt depuis sa reconstitution en 1809. Mais aussi, comme nous allons le constater, il est impossible d'atteindre plus complétement le but proposé. La surveillance s'étend sur tout. Il n'y a pas de procédés de pêche, de salaison, de conservation, que le conseil n'ait fait expérimenter et n'ait fait connaître à tous dès qu'il en a pu constater l'efficacité. Toutes les améliorations, tous les changements dans la construction des bateaux, dans la fabrication, la forme, le maniement des filets, sont examinés avec l'attention la plus scrupuleuse et la plus éclairée. Puis, chaque année, le conseil publie des instructions générales, qui entrent dans les détails les plus petits en apparence, mais qui cependant ont une importance réelle pour les progrès de l'industrie. Pêcheurs, saleurs, caqueurs, tonneliers, tous y trouvent les conseils les plus sages et les plus éclairés. Ces instructions sont imprimées et distribuées gratuitement à tous les intéressés.

Le conseil surveille en outre la confection des salaisons et accorde sa marque (la marque de la couronne, *Crown full brand*, apposée avec un fer chaud sur le baril) au poisson préparé avec soin et dont la qualité ne laisse rien à désirer. Cette marque est un passeport infaillible dans les pays étrangers de consommation.

Chaque année, le conseil rend compte au Gouvernement des résultats de la pêche; ce rapport communiqué aux chambres est ensuite livré à la publicité.

Les résultats de cette administration habile et bienveillante ont été réellement prodigieux. En 1809, lorsque le conseil fut réorganisé, la pêche du hareng en Angleterre donnait 96,185 1/2 barils de poisson ; en 1812, les produits s'élevèrent à 153,488 barils; 1822 donna 316,524 barils; cinq ans après, en 1827, la récolte fut de 397,829 ; enfin, aujourd'hui elle dépasse 1,100,000 barils, dont 350,000 environ sont livrés au commerce d'exportation, et vendus à l'étranger et surtout en Allemagne. La pêche hollandaise, longtemps réputée la première du monde pour le hareng, n'a pu tenir contre cette puissante concurrence, asée en même temps sur les bas prix et la bonne qualité du poisson : elle est aujourd'hui à peu près perdue.

La supériorité de la pêche anglaise ne tient pas uniquement à cette institution, dont nous nous faisons un devoir de reconnaître les efforts persévérants et les succès; elle tire son origine d'autres causes. Chez nos voisins, les capitaux recherchent tous les placements utiles, et surtout les opérations maritimes ; il en résulte que le pêcheur n'est pas malheureux comme chez nous, il n'est pas à la discrétion de ceux qui ne consentent à l'aider que pour tirer d'immenses bénéfices de son industrie. En Angleterre, le marin trouve facilement les capitaux, d'ailleurs très restreints, qui sont nécessaires à son métier, et il les obtient à des conditions qui lui assurent une rémunération suffisante et complète de son travail, lui permettent une libération prompte et un avenir de prospérité incontestable. Aussi est-il toujours bien monté, bien équipé ; ses filets sont meilleurs et mieux entretenus. Toutes les améliorations dans la construction ou dans le gréement des bateaux, qui lui sont signalées par l'autorité tutélaire chargée de veiller sur lui, sont à sa portée. Les meilleures méthodes de pêches lui sont enseignées, il peut les mettre en pratique, et il le fait. Il parvient ainsi à se procurer une plus grande quantité de poissons et de meilleure qualité, à améliorer sa pêche et par conséquent sa propre position ; il arrive à l'aisance relative. L'aisance amène l'esprit d'innovation et de perfectionnement ; elle fait disparaître les mauvaises rivalités, toujours blâmables et trop souvent fatales, et les remplace par l'émulation qui engendre le progrès. Enfin, elle amène avec elle l'idée de l'association, qui permet aux forces réunies de plusieurs hommes ce qui était impossible aux efforts de l'individu isolé.

C'est ainsi que nos voisins ont adapté à certaines pêches les filets de coton, beaucoup plus légers, plus maniables et moins coûteux, et qu'ils en ont tiré un parti très avantageux. Leurs pêcheurs tiennent plus longtemps la mer ; lorsqu'ils ont trouvé un fond riche en poissons, ils y restent, et chaque jour un bateau, plus fin voilier, vient recueillir les produits de la pêche de la nuit précédente, pour les porter rapidement au marché le plus voisin, où ils obtiennent un prix d'autant plus avantageux qu'ils sont plus frais. Pendant ce temps, les autres continuent leurs opérations sans avoir à se déranger chaque jour. Il y a même de ces bateaux rapides, que nous appellerons *collecteurs*, qui ont des viviers dans lesquels ils rapportent vivants les poissons les plus précieux et les plus recherchés. Cette méthode nouvelle est évidemment une amélioration d'autant plus importante qu'elle donne une immense économie de temps. Or, pour tous les hommes, et pour les pêcheurs surtout, qui sont forcés trop souvent de compter avec les vents et les flots, l'économie du temps est un inappréciable avantage. Avec ce système si bien entendu, si complet, d'améliorations successives, la pêche anglaise est parvenue à un développement énorme, à une prospérité prodigieuse. Elle livre à la population entière du Royaume-Uni une immense quantité de poisson, c'est-à-dire d'un aliment à la fois sain, agréable et très nutritif, et l'excédant de ces produits donne lieu à un commerce extérieur aussi considérable que lucratif. Cette profession procure à ceux qui s'y livrent une aisance, relative sans doute, mais qui laisse bien loin derrière elle la misère absolue de nos pauvres pêcheurs. Le résultat le plus important de la prospérité de la pêche anglaise c'est qu'en développant cette précieuse industrie, en y attirant une grande quantité d'hommes, elle augmente le nombre des matelots, déjà si considérable chez nos voisins, et par conséquent la force navale du pays.

Nous connaissons les causes de notre infériorité : cherchons s'il existe quelques moyens de les combattre, de les détruire, et aussi cherchons s'il est possible de mettre nos pêcheurs à l'abri des suites désastreuses de la concurrence créée par la convention du 16 novembre 1860. Ici, comme pour l'industrie baleinière, nous pensons qu'il est bon de prendre chez les nations dont l'industrie est florissante les procédés, les institutions susceptibles de se naturaliser chez nous.

La première, la principale cause de l'état languissant de notre pêche côtière est la misère de nos marins, et l'usure qui pèse sur toutes leurs opérations. Le moyen de la détruire, ou du moins de l'amoindrir beaucoup, nous paraît trouvé et facile à appliquer. Ce n'est pas nous qui avons eu la première idée de la création que nous allons proposer ; elle appartient à un haut fonctionnaire de la marine, elle a été reprise depuis par M. Coste, dont nous invoquons si souvent la science et l'expérience ; enfin, elle vient d'être mise officiellement à l'étude par le ministre de la marine lui-même. Il s'agit de créer pour l'industrie maritime une institution de crédit de la nature de celles qui ont été fondées pour les colonies, pour l'industrie manufacturière et pour l'agriculture.

Dans une circulaire du 27 septembre 1860, adressée aux préfets maritimes et chefs de service de la marine, S. Exc. l'amiral-ministre appelle

l'attention de ces hauts fonctionnaires sur l'absence de proportionnalité qui se remarque entre le gain des marins adonnés à la pêche et les bénéfices que retirent de cette industrie les armateurs, écoreurs, bailleurs de fonds, etc., qui font des avances à ces pêcheurs. La circulaire provoque une enquête sur toutes les côtes de France pour rechercher les moyens de faire prospérer la pêche, en assurant à ceux qui la font une part plus importante dans les produits de leur travail ; enfin elle parle de l'application à la pêche du principe admis par la loi du 1er août 1860, qui autorise les prêts à l'industrie pour le renouvellement et l'amélioration de son matériel.

Dans notre opinion, le seul moyen qui puisse sauver notre pêche côtière de la ruine complète dont elle est menacée, la relever même de l'état d'infériorité dans lequel elle languit, et, sinon la rendre aussi florissante que celle de l'Angleterre, du moins la faire approcher le plus possible de cet état si désirable, c'est de donner aux pêcheurs la facilité de se procurer des fonds suffisants, à un taux assez raisonnable, pour leur permettre de devenir propriétaires de leurs bateaux et de leurs filets ; de suivre tous les progrès, toutes les améliorations qui peuvent survenir dans les instruments et dans les procédés de pêche.

C'est une grande et vaste opération : il s'agit d'améliorer tout le matériel de pêche existant en France, et il s'élève, comme nous l'avons vu, à près de 14,000 bateaux de toutes grandeurs ; il s'agit d'augmenter ce matériel sur les points où il est insuffisant, et même de le créer dans les endroits, si nombreux encore, où il n'existe pas. L'État surtout nous paraît pouvoir fournir les capitaux indispensables à cette vaste entreprise, à un taux assez modéré et pour un temps assez long, pour assurer à cette mesure toute son efficacité. Cependant nous sommes loin de repousser l'intervention des capitaux privés, surtout s'ils sont fournis par une institution puissante, comme celles qui ont été créées pour le crédit foncier, pour le crédit agricole, etc., etc.

Nous ne nous occuperons pas des détails financiers de ces opérations, nous laisserons ce soin à d'autres plus versés dans ces matières, complétement étrangères à nos études ; mais, de quelque côté que viennent les capitaux, du moment où ils seront prêtés à un taux d'intérêt modéré, il nous est facile de déduire les conséquences de ce nouveau système.

Nous prendrons pour exemple le pêcheur chalutier dont nous avons déjà parlé. Possesseur d'une somme de 3 ou 4,000 fr., il désire devenir propriétaire d'un bateau et patron : il s'adresse à l'établissement de crédit et obtient un prêt. Le bateau, ses agrès apparaux, et même les filets, payés comptant, lui coûteront 10 à 11,000 f. au lieu de 14,000 f. : c'est une économie première de plus de 20 p. 100. Payant également comptant toutes les fournitures ordinaires, il trouvera sur les prix une réduction à peu près égale, sinon supérieure, et évitera ces commissions accumulées, qui ne sont autre chose que des intérêts usuraires déguisés. Il n'aura réellement à sa charge que l'intérêt raisonnable du prêt et le remboursement du capital. Ce remboursement devra être beaucoup plus facile, puisque les produits de la pêche lui rentreront en plus grande quantité. Il sera fait, soit par portion à des époques déterminées, soit, ce qui nous paraît préférable et pour l'emprunteur et pour le créancier, au moyen de retenues hebdomadaires, fixées par l'acte de prêt, et calculées de manière à ce que le pêcheur ait toujours la facilité de se procurer les fournitures ordinaires sans recourir au crédit. De cette manière, en deux ou trois ans au plus le capital sera amorti ; le patron, devenu propriétaire de son bateau et de ses engins de pêche, jouira de cette aisance relative, qui aujourd'hui lui est interdite. Ses enfants, ses parents, ses amis, se sentiront attirés vers une carrière susceptible de récompenser ceux qui la parcourent. Le marin, débarrassé des soucis de la misère, aimera son métier ; il aura l'esprit sans cesse tendu vers des idées d'amélioration et de perfectionnement susceptibles d'augmenter encore ses produits ; il fera faire des progrès à sa profession. L'esprit d'association se développera avec l'aisance ; huit ou dix patrons se réuniront pour se procurer un bateau rapide collecteur, peut-être même avec un vivier. Déjà propriétaires de leur matériel, ils pourront y parvenir peut-être sans recourir à la banque, ou, dans tous les cas, l'emprunt partagé sera très léger, et la dépense bientôt couverte par l'amélioration des produits de la pêche, qui dès lors s'accroîtront dans une proportion considérable, ainsi qu'il est facile de s'en convaincre par un simple calcul.

Dans le système actuel, nos bateaux occupés à la pêche du poisson frais sortent trois ou quatre fois par semaine ; mais ils ne peuvent rester plus de trente-six heures dehors, parce que le poisson ne se conserverait pas ; il faut rentrer pour le vendre ; le plus souvent même, nos bateaux reviennent tous les jours. En admettant trois voyages, ils restent donc à la mer, en moyenne, cent huit heures par semaine ; or la semaine, non compris le dimanche, compte cent quarante-quatre heures. Il faut toujours déduire quatorze heures de perte par voyage ; ce temps est employé en préparatifs de départ, entrée et sortie du port, et temps nécessaire pour se rendre sur le lieu de pêche. Le temps de pêche réelle se trouve réduit à soixante-six heures par semaine. Il arrive même souvent que le bateau cherche longtemps le lieu favorable pour ses opérations, et qu'à peine il l'a trouvé, il est obligé de rentrer pour ne pas perdre le poisson, peu important peut-être, qui se trouve à bord. Chaque bateau perd donc en réalité environ soixante-dix-huit heures par semaine, sur lesquelles il faut déduire une fois l'aller et le retour indispensable, soit quatorze heures ; la perte est donc de soixante-quatre heures par bateau.

Au moyen d'un bateau collecteur rapide, qui chaque jour viendrait lever les produits de pêche pour les porter au port, et qui pourrait facilement desservir dix à douze bateaux, les pêcheurs pourraient imiter les Anglais : ils prendraient la mer le lundi matin, et ne rentreraient que le samedi soir. Chaque bateau aurait ainsi, déduction faite du voyage d'aller et de retour, du dimanche et de deux nuits passés au sein de la famille, cent vingt heures de pêche effective. Un fond favorable trouvé, il pourrait s'y tenir aussi longtemps qu'il le jugerait fructueux. Chacun gagnerait donc cinquante-quatre heures de travail utile par semaine. Ce chiffre énorme, multiplié par le nombre de bateaux pêcheurs desservis par le collecteur, nous donnera la somme de l'utilité de ce dernier. Or, en admettant que les bateaux pêcheurs soient au nombre minimum de huit, on trouve que le collecteur a gagné quatre cent trente-deux heures par semaine. On doit remarquer en outre que le poisson, rapporté chaque jour au moins une fois, est beaucoup plus frais, plus beau, et par conséquent a plus de valeur. C'est ainsi que travaillent les pêcheurs les plus habiles de la Grande-Bretagne.

L'établissement d'une institution de crédit pour les pêches ne bornerait pas son action bienfaisante aux patrons de bateaux ; il l'étendrait à tous les hommes qui s'occupent de cette grande industrie : non-seulement en ce que, les frais d'armement étant beaucoup réduits, les parts afférentes à chaque pêcheur seraient plus fortes, mais encore d'une manière plus directe, en permettant à tous les pêcheurs de devenir propriétaires de leurs filets.

Les filets sont la richesse du pêcheur. Aujourd'hui, ils sont presque tous entre les mains des armateurs, des écoreurs et d'autres personnes étrangères à la pêche, qui les louent et en retirent un profit très considérable. La pêche maritime exige beaucoup de filets ; pour celle du hareng, par exemple, il doit y avoir autant de lots de filets que d'hommes d'équipage, et chaque lot est composé de 700 mètres carrés de filets. Mais aussi, dans le partage des produits, chaque lot obtient une part égale à celle d'un matelot.

Au moyen d'un prêt, un homme deviendra propriétaire d'un lot de filets ; il obtiendra donc une part double de celle à laquelle il avait droit. A l'aide de cette augmentation de salaire, il arrivera facilement et rapidement à rembourser l'avance à lui faite ; avance peu considérable, parce que, le plus souvent, il ne cherchera pas à acheter le filet tout fabriqué, mais seulement la matière première, la corde nécessaire pour le faire ; sa femme, ses enfants, son vieux père, seront chargés de la main-d'œuvre. Ce sont eux aussi qui répareront et entretiendront cette précieuse propriété.

Un lot de filets est une fortune pour la famille du pêcheur, non-seulement lorsqu'il est présent et les emploie lui-même, mais encore en son absence. Que le marin soit embarqué sur un navire de commerce, qu'il soit levé pour le service de l'État, ou qu'il ait succombé, s'il possède des filets, sa femme et ses enfants ont une ressource assurée. Placés sur un bateau de pêche, ces engins rapporteront à la famille un revenu qui lui permettra de moins souffrir de l'absence ou de la perte de son chef. Puis, dès qu'ils seront en état de s'embarquer, les fils accompagneront les filets de leur père, et comme lui deviendront marins. Sous ce point de vue, la possession des filets par les pêcheurs intéresse l'État au plus haut degré, et mérite de fixer l'attention de tous les hommes qui s'occupent de la prospérité maritime de la France.

L'établissement d'une banque des pêches aura donc pour résultat infaillible de développer l'industrie de la pêche dans les lieux où elle est déjà pratiquée, et de la faire naître sur les côtes qui, moins favorisées jusqu'ici, voient les populations maritimes en proie à la plus poignante misère, faute de posséder les instruments nécessaires pour exploiter le champ si fertile que la Providence a mis à leur portée. Il attachera le marin à son beau mais rude métier, et multipliera cette race d'hommes si utiles à notre patrie.

Un fait très important pour la prospérité de la pêche côtière est l'augmentation de la consommation du poisson. Cette augmentation tournerait en même temps au profit des populations de l'intérieur du pays, qui y trouveraient un aliment sain, agréable et très nutritif, à un prix beaucoup moins élevé que la viande de boucherie. Mais, pour obtenir cette augmentation, il est indispensable de dégrever le poisson de tous les frais inutiles dont il est chargé. Les chemins de fer ont tous abaissé leurs tarifs en faveur de certaines denrées ; le poisson frais ou salé devrait être classé parmi celles qui payent le moins. Ces grandes entreprises devraient être invitées, et, au besoin, mises dans la nécessité de transporter les produits de la pêche aux prix les plus réduits. D'un autre côté, les villes, et notamment Paris, devraient affranchir le poisson de mer commun de tous droits d'octroi et autres taxes municipales ; l'application de cette mesure ne présentera aucune difficulté. Quant aux espèces de poissons de luxe destinés à la table des personnes riches ou aisées, si elles ne peuvent être dégrevées complétement, les droits devraient être réduits au moins de moitié et fixés à 30 fr. par 100 kil. Cette dernière réduction profiterait surtout aux pêcheurs ; l'autre, en abaissant le prix du poisson ordinaire, serait utile aux consommateurs aussi bien qu'aux producteurs.

Il nous paraîtrait important de réduire les droits d'écorage, dans les ports, de 5 à 2 1/2 p. 0/0. Cette remise est parfaitement suffisante pour rémunérer le service rendu, qui se bornerait désormais à faire la vente et à garantir la solvabilité de l'acheteur. Les pêcheurs pourraient même, le plus souvent, éviter complétement ce droit. En se réunissant en une sorte de syndicat, tous les patrons d'un port pourraient expédier directement leurs poissons sur les marchés de consommation, et constituer sur les lieux un mandataire chargé de la vente et du recouvrement du prix. A Paris, les facteurs à la halle au poisson pourraient accepter cette mission et la remplir sans exiger de forts salaires, puisqu'ils jouissent déjà d'une remise sur la vente de cette denrée. De cette manière, les pêcheurs non-seulement diminueraient beaucoup les frais qu'ils supportent aujourd'hui, mais encore éviteraient un et souvent deux intermédiaires; enfin, ils profiteraient de la valeur du poisson sur les lieux de consommation. Nous avons déjà parlé de patrons qui avaient tenté de suivre cette marche et qui avaient échoué. Ce non-succès tient surtout à ce que ces hommes étaient isolés; mais ce que ne peut faire un seul individu est très facile pour une réunion d'hommes, et nous sommes convaincu que ce système réussira parfaitement s'il est mis en pratique par tous les patrons d'un port, ou, du moins, par un grand nombre d'entre eux.

Dans l'intérêt de la pêche en bateau, de la véritable pêche, de celle qui forme des marins, il est nécessaire de supprimer toutes les pêcheries qui sont susceptibles de l'être. Quant à celles qui, propriétés privées, doivent être respectées, on doit leur faire l'application complète et sévère de la loi du 9 janvier 1852 et des règlements relatifs à la construction et à l'entretien de ces établissements, ainsi qu'aux rets, filets et engins qu'ils doivent employer. Il est même indispensable d'ajouter à ces actes une disposition nouvelle, portant que les hommes employés à l'exploitation des pêcheries de toute espèce devront à l'avenir être ou des marins inscrits ou des marins invalides. Les infractions à cette prescription rentreraient naturellement dans les prévisions de la loi du 9 janvier 1852, et seraient punies conformément à cette loi. Cette mesure, qui a déjà été appliquée en partie aux madragues et aux bordigues par le décret du 10 novembre 1859, nous paraît très équitable. Il est juste, en effet, que l'homme qui supporte les charges maritimes recueille les bénéfices, d'ailleurs si restreints, de son état ; il est juste que celui qui veut participer à ces bénéfices prenne sa part des charges.

A l'avenir aucune pêcherie nouvelle ne devrait être autorisée, si ce n'est au profit de marins invalides, ou de familles de marins pauvres. Ces établissements feraient retour à l'État au décès du concessionnaire, et dans le cas où la famille cesserait d'appartenir à la marine. De cette manière, l'État aurait entre les mains un moyen de récompenser quelques-uns des services rendus par une classe d'hommes aussi utile et aussi intéressante.

Nous avons montré l'excellence de l'action exercée chez nos voisins par le conseil des pêches (*Board of fisheries*) ; nous avons signalé ses immenses succès ; nous n'hésitons pas à demander la création d'une institution semblable dans notre pays. Le vœu que nous exprimons ici n'est pas nouveau. En 1851, une commission avait été nommée par le Gouvernement pour rechercher les moyens de relever la pêche du hareng de l'état de dépérissement dans lequel elle se trouvait. Une sous-commission, formée dans son sein, et composée des hommes les plus compétents dans cette matière (1), fut chargée de parcourir les côtes d'Angleterre et d'Écosse, et de visiter ceux de nos ports qui armaient pour cette pêche ; à son retour, elle formulait à l'unanimité son opinion, sur ce point important, dans des termes qui doivent être mis sous les yeux de nos lecteurs : « La sous-commission est convaincue « que c'est un des plus puissants moyens que l'on puisse employer pour « relever les pêches côtières, et notamment celle du hareng, de l'état « de décadence et de souffrance dans lequel elles languissent. » Ce vœu, si énergiquement exprimé, nous le renouvelons. Le conseil des pêches instruirait nos pêcheurs, encore si ignorants, de tout ce qui con-

---

(1) Cette sous-commission était composée de MM. Legros-Devot, président ; Estancelin ; Galot, directeur des douanes ; Hennequin, chef du bureau des pêches, etc., à la marine ; et d'Estrémont de Maucroix, capitaine de frégate, ayant plusieurs fois commandé les stations de pêche.

cerne leur métier, en leur mettant sous les yeux les meilleures méthodes à employer ; il leur montrerait quelles sont les améliorations nécessaires ou utiles à faire dans la construction de leurs bateaux, dans les filets et autres engins ; il leur enseignerait à tirer de leur industrie tous les fruits qu'elle peut, qu'elle doit produire. En même temps, il relèverait le moral de ces hommes si longtemps abandonnés.

Le conseil serait composé d'un certain nombre de membres choisis parmi les hauts fonctionnaires de la marine ; le service actif serait confié à un inspecteur général et à cinq inspecteurs (un par arrondissement maritime). Un de ces inspecteurs devrait, sinon chaque année, au moins une fois tous les deux ans, visiter les pêcheries de Terre-Neuve, d'Islande et d'Écosse. L'arrondissement de l'absent serait parcouru soit par l'inspecteur général, soit par l'un des quatre autres ; mais chaque année le chef de service devrait faire une tournée dans l'une des cinq circonscriptions. Dans chaque port de pêche, un agent spécial serait nommé par le conseil et rétribué d'une manière assez large pour assurer son indépendance ; il aurait sous ses ordres un ou plusieurs subalternes également choisis par le conseil. Le personnel ainsi organisé recevrait des inspections fréquentes, une impulsion unique, et toujours conforme aux ordres d'ensemble émanés du conseil.

Mais pour que cette institution puisse produire tout le bien dont elle est susceptible, il est indispensable que toutes les attributions administratives relatives à la pêche soient réunies dans un centre unique, dont le conseil lui-même relèverait, au moins pour les nominations. C'est là, nous ne nous le dissimulons pas, le point le plus difficile peut-être à obtenir. Aujourd'hui trois départements ministériels ont à s'occuper de la pêche côtière (nous ne parlons pas des droits de douane, leur perception ne touche pas à la pêche proprement dite). Dans chaque administration, plusieurs directions sont souvent appelées à concourir aux mesures à prendre. Cette division devrait cesser ; tout ce qui concerne directement les pêches doit être centralisé au ministère de la marine, et là tout, même la direction des bâtiments chargés de la protection et de la police des pêches, serait remis au conseil, afin de donner à tout le service une impulsion unique et forte. Si ce point important pouvait être obtenu, les bons résultats de la création d'un conseil des pêches seraient et plus rapides et surtout plus considérables.

L'agriculture a des comités dans chaque arrondissement; elle a ses comices, ses concours; elle accorde des récompenses à tous ceux qui ont fait faire quelques progrès à la science, soit par des inventions nouvelles et utiles, soit même par l'emploi intelligent des anciens instruments, par la pratique éclairée des anciennes méthodes. Elle récompense aussi ceux qui ont donné le bon exemple par leur conduite, leur probité, leur attachement à leurs maîtres. Pourquoi ce système de comités, de comices, de concours, de récompenses, ne serait-il pas appliqué aux pêches? Cette idée appartient encore à M. Coste, elle a été aussi relevée par la circulaire ministérielle du 27 septembre 1860; elle nous paraît digne d'attirer l'attention la plus sérieuse du Gouvernement. Dans notre opinion, une institution de cette nature serait essentiellement propre à favoriser le développement de la pêche.

Que le patron qui se sera montré le plus habile, qui aura fait quelque découverte utile à la culture de l'Océan, amélioré son bateau ou ses filets, reçoive de l'État un prix proportionné au service rendu; que ce prix lui soit décerné par un fonctionnaire élevé, publiquement, et en présence du plus grand nombre possible de ses amis et de ses concurrents. Que le simple matelot reçoive, lui aussi, avec la même solennité, la récompense de son habileté, de la fidélité à remplir ses devoirs, de son dévouement à son patron et à ses camarades. Que le petit mousse même, s'il s'est distingué, soit honoré et récompensé en présence de tous ceux qui le connaissent. Quelques distinctions honorifiques, une médaille spéciale qu'il serait permis de porter, une somme d'argent destinée à faciliter l'achat d'un bateau, ou le remboursement des avances faites par la banque des pêches, une embarcation, des lots de filets, des vêtements chauds et propres à la pêche, seront les prix offerts à ces hommes, selon leur mérite et leur position.

Les comices de pêche pourraient se réunir chaque année sous la présidence du préfet maritime, ou, en cas d'empêchement de ce haut fonctionnaire, de l'inspecteur des pêches ou de toute autre personne déléguée par le conseil, auquel appartiendrait également la désignation des hommes récompensés et de la nature du prix accordé.

Nous ne pouvons terminer ce travail sans chercher les moyens, nous ne dirons pas de paralyser, mais au moins d'atténuer le rude coup que la convention du 16 novembre 1860 a porté à notre pêche maritime côtière. Notre industrie est frappée dans toutes ses parties, elle est perdue sans ressource, si on ne se hâte de lui venir en aide. Nous espérons que cette stipulation ne sera pas renouvelée à l'expiration du traité; mais notre industrie ne saurait supporter l'état actuel pendant dix années: elle sera anéantie longtemps avant l'expiration de ce délai. Tout le monde sait qu'une industrie ainsi ruinée ne peut que très rarement se relever, même à l'aide de très grands sacrifices. La pêche du hareng sera frappée la première; en perdant la pêche du hareng, nous perdons une partie essentielle de notre population maritime, et par conséquent de nos forces navales. Nous savons que le ministère de la marine s'occupe de rechercher les moyens de réparer le mal résultant d'une convention qui, frappant la marine française au cœur, a été cependant conclue sans consulter le ministre chargé spécialement de sa conservation.

Le moyen le plus efficace, le seul vraiment efficace, d'épargner à notre population maritime les désastres dont elle est menacée, c'est de modifier la convention du 16 novembre 1860, et de rétablir le droit de 40 fr. par 100 kil. sur le poisson étranger. Cette proposition peut paraître étrange; elle n'est que juste cependant et parfaitement conforme au traité du 23 janvier 1860, dont la convention n'aurait dû être que l'application. Nous ne demandons pas que la France viole ses engagements; nous ne demandons pas, nous ne désirons même pas que notre Souverain revienne sur la parole donnée. Ce que nous demandons au nom de toute la population maritime française, c'est-à-dire au nom de la prospérité et de l'indépendance de notre pays, dont cette population est un des principaux soutiens, c'est la révision, la suppression du paragraphe du tarif annexé à la convention du 16 novembre, relatif au poisson de mer frais, sec, salé ou fumé. Le poisson de mer n'avait pas été compris dans l'énumération des objets sur lesquels l'Empereur des Français s'est engagé à accorder une diminution de droits, par l'art. 1er du traité du 23 janvier 1860 ; il ne devrait donc pas figurer dans la convention du 16 novembre, qui n'est autre chose qu'un acte d'exécution du traité principal. Les suppressions ou modifications de la nature de celles que nous demandons sont d'ailleurs prévues et permises par le § 2 de l'art. 21 du traité lui-même, à la seule condition qu'elles seront faites d'un commun accord. Et dès le 10 mars 1860, la Grande-Bretagne a usé de cette faculté ; elle a demandé la modification des droits fixés sur les eaux-de-vie et esprits français à leur entrée en Angleterre ; et on doit remarquer qu'il s'agissait de changer un des articles exprès du traité principal. Le Gouvernement français consentit cependant à la modification demandée ; elle fut consacrée par l'article additionnel du 10 mars 1860. Pourquoi ne ferait-il pas aujourd'hui ce que fit alors le Gouvernement britannique pour obtenir l'annulation d'un article en dehors du traité et contraire même au texte et à l'esprit de ce traité (1)? Telle est, à notre avis, la marche la plus sûre pour empêcher la ruine complète de notre industrie maritime.

Si cependant elle n'est pas acceptée, il ne nous restera pour sauver notre pêche nationale qu'un seul moyen : c'est d'accorder aux pêcheurs français une prime assez forte pour compenser l'abaissement du droit décrété en faveur du poisson étranger. Le dégrèvement a été de 30 fr. par 100 kil. ; nous n'hésitons pas à proposer d'accorder une prime de 30 fr. par 100 kil., qui, réunie au droit de 10 fr. qui est encore imposé sur le poisson étranger, permettra à notre industrie de se soutenir. Les traités imposés par des circonstances malheureuses pour notre pays ont mis notre pêche de la morue dans une position difficile ; le Gouvernement n'a pas hésité à venir au secours de nos pêcheurs ; par des primes habilement calculées, il a assuré cette branche importante de notre navigation. Un traité volontairement consenti met en péril im-

---

(1) Ce que nous disons ici pour le poisson de mer, frais sec, salé ou fumé, s'applique aussi et à bien plus forte raison à l'abolition des droits différentiels qui protégeaient notre marine commerciale. Ces droits avaient été formellement réservés par l'art. 3 du traité du 23 janvier, et cependant la convention du 16 novembre les a complétement abolis. Cette convention a violé le traité qu'elle devait respecter, elle doit donc être également modifiée sur ce point important.

minent notre pêche côtière, il nous paraît important d'employer le même remède et d'accorder à cette dernière industrie des encouragements qui lui permettent de soutenir une concurrence désastreuse. Nous ferons remarquer que lorsque nous réclamons des primes pour cette pêche, nous ne la considérons pas comme une industrie privée, mais comme une pépinière, une école pour nos marins. C'est à ce titre que la pêche de Terre-Neuve est protégée ; c'est à ce titre que nous réclamons la protection pour celle qui vient d'être si fatalement frappée.

De tout ce qui précède nous pouvons conclure que la petite pêche française peut sortir de l'état précaire dans lequel elle est plongée, et devenir réellement assez florissante pour fournir à l'État toutes les ressources maritimes qu'il peut en attendre, et que pour atteindre ce but on doit donner à cette industrie les encouragements suivants :

1° Créer en faveur de la pêche côtière un établissement de crédit analogue à ceux qui ont été institués au profit de l'agriculture, des fabriques et des colonies ; afin que cette industrie puisse trouver, à un taux d'intérêt modéré, les fonds nécessaires pour augmenter et améliorer son matériel de pêche ;

2° Établir en France un conseil des pêches analogue à celui qui existe en Écosse ;

3° Supprimer les droits d'entrée et toutes autres taxes municipales sur le poisson, ou du moins sur le poisson commun ; abaisser le prix des transports par chemins de fer, en plaçant le poisson dans la classe des denrées qui payent le prix le plus bas ; réduire les droits d'écorage de 5 à 2 1/2 p. 0/0, et faciliter l'abolition complète de l'écorage ;

4° Prendre tous les moyens possibles pour développer la consommation du poisson en France ;

5° Supprimer le plus grand nombre possible des pêcheries sédentaires aujourd'hui existantes, et soumettre celles qui ne peuvent être supprimées à la condition de n'employer à leur exploitation que des marins classés ou invalides ;

6° Établir des comices et des concours de pêche, à l'instar des comices et concours agricoles ; et distribuer des récompenses aux pêcheurs

qui se seront fait remarquer par leur habileté, leur bonne conduite, etc., etc.;

7° Et enfin supprimer l'article du tarif annexé à la convention du
16 novembre 1860, relatif au poisson de mer, frais, sec, salé ou fumé,
et par conséquent rétablir l'ancien droit de 40 fr. par 100 kil. sur le
poisson de pêche étrangère, ou, en cas d'impossibilité, accorder à la
pêche côtière des primes d'encouragement calculées de manière à lui
permettre de soutenir avantageusement la concurrence anglaise, créée
par la convention du 16 novembre 1860,

3104. — Paris, imp. Jouaust, r. S. Honoré, 338.